高等学校数字媒体专业规划

U0620997

平面设计案例实战教程

——CorelDRAW X8（微课视频版）

黄天灵　张成禄　王　玲　编著

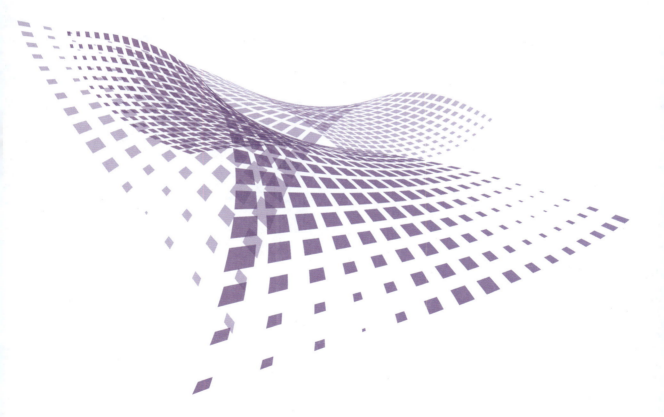

清华大学出版社

北京

内 容 简 介

本书主要介绍如何用平面设计软件 CorelDRAW 完成设计师的设计构想，属于实践应用型书籍。全书共 9 章，不仅介绍了设计的相关知识，而且囊括了平面设计中使用 CorelDRAW X8 所能实现的技巧。

本书从 CorelDRAW 软件自身的特点出发，内容全面，图解详细，既适合作为各类高校、职业院校学生相关专业的教材，可适合作为图像设计、出版印刷行业相关人员的参考用书，还适合 CorelDRAW 软件初中级培训班使用。与本书相关的配套资源可在清华大学出版社网站(www.tup.com.cn)下载。

图书在版编目（CIP）数据

平面设计案例实战教程：CorelDRAW X8：微课视频版/黄天灵，张成禄，王玲编著.—北京：清华大学出版社，2020.12

高等学校数字媒体专业规划教材

ISBN 978-7-302-57189-6

Ⅰ.①平…　Ⅱ.①黄…②张…③王…　Ⅲ.①平面设计—图像处理软件—高等学校—教材　Ⅳ.①TP391.413

中国版本图书馆 CIP 数据核字(2020)第 260222 号

责任编辑：袁勤勇
封面设计：何凤霞
责任校对：胡伟民
责任印制：丛怀宇

出版发行：清华大学出版社
　　　网　　　址：http://www.tup.com.cn，http://www.wqbook.com
　　　地　　　址：北京清华大学学研大厦 A 座　　　　邮　　编：100084
　　　社 总 机：010-62770175　　　　　　　　　　邮　　购：010-83470235
　　　投稿与读者服务：010-62776969，c-service@tup.tsinghua.edu.cn
　　　质量反馈：010-62772015，zhiliang@tup.tsinghua.edu.cn
　　　课件下载：http://www.tup.com.cn，010-83470236
印 装 者：三河市铭诚印务有限公司
经　　销：全国新华书店
开　　本：185mm×260mm　　　印　　张：11.75　　　字　　数：295 千字
版　　次：2020 年 12 月第 1 版　　　　　　　印　　次：2020 年 12 月第 1 次印刷
定　　价：59.80 元

产品编号：090495-01

前言

CorelDRAW 集图形绘制、平面设计、网页制作、图形图像处理、文字排版功能于一体,是设计师普遍使用的矢量图形绘制设计的图形图像处理软件之一。本书通过各个行业不同的应用实例,介绍了 CorelDRAW X8 中文版在基本图形绘制、对象轮廓线编辑、颜色填充、文本编辑、交互式填充和图像特殊效果、位图编辑等方面的相关知识和技巧,使读者在设计制作实例的过程中熟练掌握 CorelDRAW 软件的使用。

1. 本书内容介绍

全书共 9 章,内容概括如下:

第 1 章主要介绍图形图像基础理论知识与平面设计流程和创意方法,同时介绍了 CorelDRAW X8 中常用的工具和命令,为进一步的学习做必要的准备。

第 2~8 章从不同行业的不同应用案例逐步深入地将 CorelDRAW X8 工具和命令融合在案例设计当中,使读者在实战中熟练掌握常用工具和命令,并且有侧重地掌握其他工具和命令。案例涵盖平面设计的各个方面(水晶按钮、卡通造型设计、标志设计、产品造型设计、插画设计、包装设计、字体与版式设计和不常用命令及特效图解)。

第 9 章主要讲解不同文件格式的图形图像转换技巧。

2. 本书主要特色

目前已经出版的一些关于 CorelDRAW 平面设计的教材,要么是通篇讲解软件的工具并一一列举,要么是只讲案例。读者要么只认识了工具,要么只学会了教材讲的实例而不会将相关的方法和技巧推广应用。

本书以全新的视角克服了上述的缺点,将具体的工具和命令融合在每一章的案例设计当中,随着章节的推进,案例的难度也随之增加。本书每一章都有侧重点,而且前面章节介绍过的基本操作,在后面章节的学习中经常使用,读者学习完全书内容以后,即可熟练掌握常用的工具和命令。

3. 本书配套素材

清华大学出版社网站(www.tup.com.cn)提供了各章节案例源文件、部分案例短视频、应用素材、自学案例素材、实例欣赏,读者可根据需要免费下载。

前言

4. 本书读者对象

本书从 CorelDRAW X8 软件自身的特点出发,内容全面,图解详细,适合高校学生、相关行业人员和 CorelDRAW 初中级培训人员使用。

对于不具备任何软件操作基础的平面设计爱好者,本书通过丰富的案例和详细的图解,引领平面设计爱好者从认识 CorelDRAW X8 到掌握矢量图形绘制的方法。对于有一定软件操作基础的平面设计爱好者,本书可以作为读者在平面设计领域进一步提升的工具。

由于时间仓促,水平有限,疏漏之处在所难免,敬请读者批评指正。

编　者

2020 年 12 月

目录

教材资源包下载

目录

目录

目录

目录

第1章　认识 CorelDRAW X8

1.1　CorelDRAW X8 介绍

目前,CorelDRAW 是设计师普遍使用的矢量图形绘制设计的图形图像处理软件之一,集图形绘制、平面设计、网页制作、图像处理、文字排版功能于一体。CorelDRAW X8 中文版在基本图形绘制、对象轮廓线编辑、颜色填充、文本编辑、交互式填充和图像特殊效果、位图编辑等方面具有自己的特点和优势,其强大的图形绘制功能和文字排版功能受到广大设计师的青睐。

CorelDRAW X8 相较于之前版本的改善主要体现在下面几个方面:

(1) 色彩系统有了很大的提升,更加准确,接近 Adobe Photoshop;

(2) 鼠标滚轮接近 CAD 的功能,虽然不如 CAD 精准流畅,但相比之前版本有很大提升;

(3) 图框精确剪裁功能增强,不用每次进入图框内部;

(4) 后台保存功能增强,能节省大量时间;

(5) 自动页码功能,虽然没有 Adobe Indesign 强大,但相较之前版本方便很多;

(6) 网格填充功能增强,几乎可与 Adobe Illustrator 相提并论。

1.2　CorelDRAW X8 界面

CorelDRAW X8 启动后的界面如图 1-1 所示。

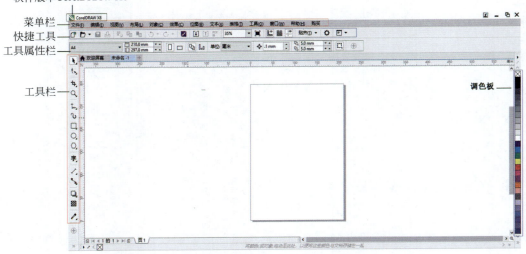

图 1-1　CorelDRAW X8 界面介绍

1.3　CorelDRAW X8 学习注意事项

本书希望读者能够打破一上手就想这个软件的工具怎么用,哪个命令会出现什么效果的观念。读者应该先了解软件的界面,熟悉界面上有哪些组成部分,都叫什么名字;清楚某个菜单下面有什么命令;了解某个工具叫什么名字,作用是什么。这样至少会在给进一步学习前留一个大体的印象,在后面的学习中,如果需要用什么命令和什么工具,读者就知道去哪里找,命令和工具有什么功能,会产生什么样的特效,读者学习了实例,自然就清楚了。

我们知道,学习平面设计软件只是为了帮助设计师快速地将自己想象的图形或者创意构想表现出来,这也正是学习软件的目的所在,而不仅仅是认识软件、认识工具。

熟悉界面后,关于菜单和工具的学习需要注意以下两个方面:

(1) 要知道菜单名称和菜单下面的常用命令,不求马上会用,知道位置就可以。

(2) 要知道某个工具的名称,在主工具下面有没有次工具。

在绘制实例的时候要遵循以下三个步骤:

(1) 仔细观察每章的实例图具体由哪几部分构成;

(2) 将各部分组件分别绘制;

(3) 将其各部分组件按照适当的比例组合。

1.4　CorelDRAW X8 常用工具

常用工具(一):"形状"工具 是 CorelDRAW X8 最常用、最重要的工具之一,它可以帮助我们设计出我们想要的任何形状和图形,但在使用的时候要将"对象"转换为曲线。转换为曲线的方法是执行"菜单"→"排列"→"转换为曲线"命令,或者选中"对象",单击鼠标右键,从弹出的快捷菜单中选择"转换为曲线"命令。"形状"工具的分类细化如图 1-2 所示。使用"形状"工具即可对图形进行任意编辑修改。

　　常用工具(二):"手绘"工具 ,在设计中可以绘制自由曲线、折线等,如图 1-3 所示。

图 1-2 "形状"工具图解　　　　　　　图 1-3 "手绘"工具图解

　　常用工具(三):"艺术笔"工具 ,在 CorelDRAW X5 版本之上新增了"笔触""笔刷笔触"等工具。"笔刷" 和"喷涂" 中也增加了许多特效,方便好用,如图 1-4 所示。

图 1-4 "艺术笔"工具图解

　　常用工具(四):"文字输入"工具**字**,在 CorelDRAW X5 的"文字输入"工具基础上增加了"表格"功能,为文字的排版提供了很大的方便,如图 1-5 所示。

　　常用工具(五):"透明度"工具 ——相比 CorelDRAW X5,CorelDRAW X8 版本取消了"交互式工具"叫法,将"交互式透明度"工具单独放入工具箱面板,改为"透明度"工具。CorelDRAW X8 中除保留了"交互式填充"之外,原交互工具被直接简化为"阴影"工具、"轮廓图"工具、"调和"工具、"变形"工具、"封套"工具、"立体化"工具,如图 1-6 所示。

图 1-5 "文字输入"工具图解　　　　图 1-6 常用交互工具图解

　　常用工具(六):交互式填充工具 ,在 CorelDRAW X8 中,填充工具得到进一步的细分,如图 1-7 所示。编辑时要打开"编辑填充"对话框(具体方法:在软件状态栏右下角双击"交互式填充"图标),它可以帮助用户设计出想要的形状和特殊效果。

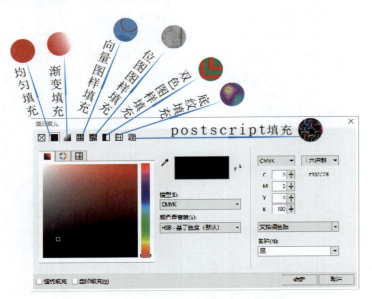

图 1-7　"交互式填充"工具图解

1.5　CorelDRAW X8 常用命令

常用命令(一)："造型"命令是 CorelDRAW X8 最常用、最重要的命令之一,它可以帮助用户设计出形状和图形(执行："对象"→"造型"命令)。

(1) 焊接：在"造型"泊坞窗口中,如图 1-8(a)所示,使椭圆环处于被选中状态,如图 1-8(b)所示。分别在图 1-8(a)中选择"焊接",同时选中"保留原始源对象"和"保留原目标对象"复选框,单击"焊接到"按钮,当鼠标处于"焊接"状态 🗔 时,单击被焊接的部分,这样就可以得到想要的形状,如图 1-8(c)所示。

注意："焊接"命令是将两个对象合成一个整体来获得新的图形。

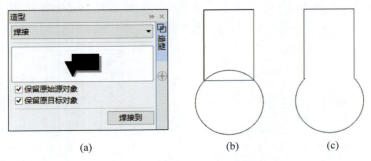

(a)　　　　　　　　　(b)　　　　　(c)

图 1-8　"造型"命令——焊接

(2) 相交：在"造型"泊坞窗口中,如图 1-9(a)所示,使椭圆环处于被选中状态,如图 1-9(b)所示,在图 1-9(a)选择"相交",同时选中"保留原始源对象"和"保留原目标对象"复选框,单击"相交对象"按钮,当鼠标处于"相交"状态■时,单击相交的部分,这样就可以得到想要的形状,如图1-9(c)所示。

注意:"相交"是获取两个对象的公共部分。

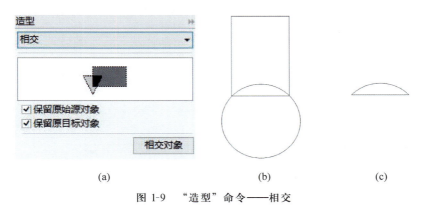

图1-9　"造型"命令——相交

（3）**修剪**:在"造型"泊坞窗口中,如图1-10(a)所示,使椭圆环处于被选中状态,如图1-10(b)所示,分别在图1-10(a)选择"修剪",同时选中"保留原始源对象"和"保留原目标对象",单击"修剪"按钮,当鼠标处于"修剪"状态■时,单击被修剪的部分,这样就可以得到想要的形状,如图1-10(c)所示。

注意:"修剪"是将两个对象中其中一个对象的某一个部分修剪掉来获得想要的形状。

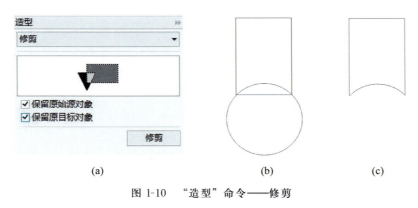

图1-10　"造型"命令——修剪

常用命令（二）:"对齐和分布"命令是CorelDRAW X8最常用、最重要的命令之一,它可以帮助对多个形状和图形进行对齐和分布,避免在对齐中的误差,可根据自己的需要选择合适的对齐和分布方式(执行"对象"→"对齐和分布"命令),如图1-11所示。

常用命令（三）:"顺序"命令是CorelDRAW X8最常用、最重要的命令之一,它可以帮助将多个重叠图形和页面按照设计需要的"顺序"做层次上的调整(执行"对象"→"顺序"命令),如图1-12所示。

常用命令（四）:"转换为曲线"命令是CorelDRAW X8最常用、最重要的命令之一,它可以帮助将"对象"转换成曲线,并对曲线上每一个节点进行调整和修改或者增加删除(执行"对象"→"转换为曲线"命令)。

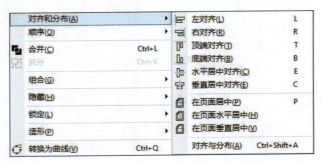

图 1-11 "对齐和分布"命令

图 1-12 "顺序"命令

常用命令(五):"组合对象"或"取消组合对象"命令是 CorelDRAW X8 最常用、最重要的命令之一,"组合对象"可以帮助将已经设计好的多个对象连接在一起,便于移动和保护(执行"对象"→"组合对象"命令);对已经组合在一起的某一个图形进行修改时,使用"取消组合对象"命令,可将组合对象的多个对象再次分解(执行"排列"→"取消组合对象"命令)。

1.6 CorelDRAW X8 常用快捷键

保存当前的图形	Ctrl+S
打开"编辑文本"对话框	Ctrl+Shift+T
撤销上一次的操作	Ctrl+Z
垂直定距对齐选择对象的中心	Shift+A
垂直分散对齐选择对象的中心	Shift+C
将文本更改为垂直排布(切换式)	Ctrl+.
打开一个已有绘图文档	Ctrl+O
打印当前的图形	Ctrl+P
导入文本或对象	Ctrl+I
发送选择的对象到后面	Shift+B
将选择的对象放置到后面	Shift+PageDown

发送选择的对象到前面	Shift＋T
将选择的对象放置到前面	Shift＋PageUp
发送选择的对象到右面	Shift＋R
发送选择的对象到左面	Shift＋L
将对象与网格对齐（切换）	Ctrl＋Y
拆分选择的对象	Ctrl＋K
将选择的对象分散对齐工作区水平中心	Shift＋P
将选择的对象分散对齐页面水平中心	Shift＋E
打开"封套工具卷帘"	Ctrl＋F7
打开"符号和特殊字符工具卷帘"	Ctrl＋F11
复制选定的项目到剪贴板	Ctrl＋C 或 Ctrl＋Ins
设置文本属性的格式	Ctrl＋T
恢复上一次的"撤销"操作	Ctrl＋Shift＋Z
剪切选定对象并将它放置在剪贴板中	Ctrl＋X
将字体大小减小为上一个字体大小设置	Ctrl＋2
结合选择的对象	Ctrl＋L
在当前工具和挑选工具之间切换	Ctrl＋Space
取消选择对象或组合对象所组成的组合	Ctrl＋U
显示绘图的全屏预览	F9
将选择的对象组合	Ctrl＋G
删除选定的对象	Del
将镜头相对于绘画上移	Alt＋↑
生成"属性栏"并对准可被标记的第一个可视项	Ctrl＋Backspase
打开"视图管理器工具卷帘"	Ctrl＋F2
在最近使用的两种视图质量间进行切换	Shift＋F9
按当前选项或工具显示对象或工具的属性	Alt＋Backspase
刷新当前的绘图窗口	Ctrl＋W
将文本排列改为水平方向	Ctrl＋，
打开"缩放工具卷帘"	Alt＋F9
缩放选定的对象到最大	Shift＋F2
打开"透镜工具卷帘"	Alt＋F3
打开"图形和文本样式工具卷帘"	Ctrl＋F5
打开"位置工具卷帘"	Alt＋F7
将字体大小增加为字体大小列表中的下一个设置	Ctrl＋6
打开"轮廓颜色"对话框	Shift＋F12
给对象应用均匀填充	Shift＋F11
再制选定对象并以指定的距离偏移	Ctrl＋D
将字体大小增加为下一个字体大小设置	Ctrl＋8
将剪贴板的内容粘贴到绘图中	Ctrl＋V

启动"这是什么?"帮助	Shift+F1
重复上一次操作	Ctrl+R
转换美术字为段落文本或反之	Ctrl+F8
将选择的对象转换成曲线	Ctrl+Q
将轮廓转换成对象	Ctrl+Shift+Q

小结：本章主要引导读者从全新的思路着手学习设计软件,不被一些漂亮的效果所迷惑,认真阅读学习前注意事项,就会有一个全新的认识。常用工具和命令部分是学习前的必要准备,也是认识工具和命令的过程。快捷键不必完全背熟,有基本的了解即可,因为在后面学习的过程中,相关工具和命令的快捷键都会有标注,在学习时会在不经意间掌握它。以下最常用的快捷键在学习时需要注意：

保存	Ctrl+S
还原	Ctrl+Z
复制选定对象并以指定的距离偏移	Ctrl+D
转换为曲线	Ctrl+Q
组合对象	Ctrl+G
取消组合对象	Ctrl+U
结合	Ctrl+L
拆分	Ctrl+K
垂直定距对齐选择对象的中心	Shift+A
剪切	Ctrl+X
复制	Ctrl+C
粘贴	Ctrl+V
编辑填充	F11
轮廓笔	F12

第 2 章　水晶按钮和卡通造型设计

2.1　案例一：水晶按钮设计

水晶按钮设计如图 2-1 所示。

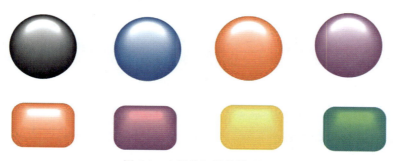

图 2-1　水晶按钮设计效果图

2.1.1　水晶按钮设计使用工具及其设计主题组件

1. 主要使用的工具及菜单命令

（1）主要使用的工具有：挑选工具、形状工具、椭圆、矩形工具、调和工具、交互式填充工具等。

（2）主要使用的菜单命令有：

①"对象"→"转换为曲线"。

②"编辑"→"复制""粘贴"。

③"对象"→"组合对象"。

④"对象"→"取消组合对象"。

⑤"对象"→"顺序"。"顺序"命令又包括：

· 到页前面、到页后面；

· 到图层前面、到图层后面、向前一层、向后一层；

· 置于此对象前、置于此对象后。

2. 设计主题组件分析

水晶按钮设计主题组件主要由外形部分和高光部分组成。

2.1.2 水晶按钮设计过程

1. 圆形水晶按钮的设计过程

（1）在工具箱中选取椭圆工具 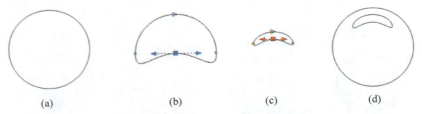，绘制一个正圆，如图 2-2(a) 所示。将如图 2-2(a) 所示的圆复制一个并转换为曲线（执行"对象"→"转换为曲线"命令）。用形状工具 通过增加或者删除节点依次编辑成图 2-2(b) 所示的形状，将其等比例缩放，如图 2-2(c) 所示（可以用形状工具 做适当的调整）。最后，将图 2-2(a)、图 2-2(c) 放在相对应的位置组合，如图 2-2(d) 所示。这样，所需的组件就全部做好了。

（a）　　　　（b）　　　　（c）　　　　（d）

图 2-2　圆形水晶按钮——轮廓组件绘制过程

（2）如果要绘制的是黑色的水晶按钮，则将正圆部分用填充工具 填充，执行"均匀填充"命令，填充为黑色，如图 2-3(a) 所示。如果需要其他颜色，可以在图 2-3(b) 中选取。

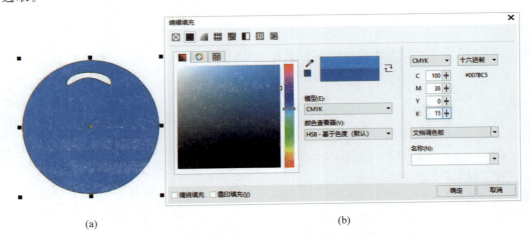

（a）　　　　　　　　　　（b）

图 2-3　圆形水晶按钮——基本色选择

注意：在填充颜色的时候可以根据颜色的纯度变化选择，如果是纯色，直接在右边的调色板选择会更方便，也可以使用交互式填充工具 ，通过设置颜色参数获取。

填充完毕以后，任意选取正圆或者是高光部分，然后执行调和工具 ，将被选中的一个对象拖动到另一个对象（这里指两个对象之间的调和），这样就得到了图 2-4(a) 所示示效果。同时在工具属性栏设置步长参数，步长的参数决定两种颜色之间的过渡层次，参数越大，过渡的层次越多，过渡就越自然，可以根据自己的需要进行调整。通过上面的方法就可以绘制出各种颜色的水晶按钮，如图 2-4（a）、图 2-4（b）、图 2-4（c）和图 2-4（d）所示。

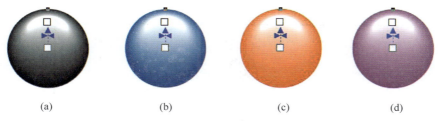

图 2-4　圆形水晶按钮——调和效果

2. 方形水晶按钮的设计过程

（1）在工具箱中选取矩形工具，绘制一个矩形，如图 2-5（a）所示。切换到形状工具，将 4 个边角圆滑度设置为 51，就可以得到如图 2-5（b）所示效果。将图 2-5（b）所示图形复制一个，将其缩放到合适的大小，如图 2-5（c）所示。对于圆角的形状，可以用形状工具由一个角向矩形中心拖动，即可绘制出圆角形状的效果，将图 2-5（b）和图 2-5（c）放在相对应的位置组合，如图 2-5（d）所示。这样，所需的组件就全部做好了。

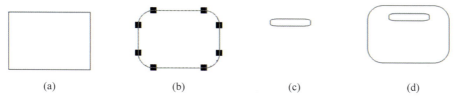

图 2-5　方形水晶按钮——轮廓组件绘制过程

（2）要绘制红色的水晶按钮，将图 2-6（a）部分用填充工具执行"均匀填充"命令，填充为红色，如图 2-6（a）所示。如果需要其他颜色，则可以在图 2-3（b）中选取。填充完毕以后，任意选取方形或者高光部分，使用调和工具，将被选中的一个对象拖动到另一个对象（这里指两个对象之间的调和），这样就得到了如图 2-6（b）所示效果，同时在工具属性栏设置步长参数。通过上面的方法就可以绘制出各种颜色的水晶按钮，如图 2-6（b）、图 2-6（c）、图 2-6（d）和图 2-6（e）所示。

图 2-6　方形水晶按钮——调和效果

2.2 案例二：乐羊羊系列卡通造型设计

乐羊羊系列卡通造型设计如图 2-7 所示。

图 2-7　乐羊羊系列卡通造型设计效果图

2.2.1 乐羊羊系列卡通造型设计使用工具及其设计主题组件

1. 主要使用的工具及菜单命令

（1）主要使用的工具有：挑选工具、形状工具、椭圆工具、矩形工具、多边形工具、基本形状工具、手绘工具、轮廓工具、交互式填充工具（均匀填充、渐变填充）、缩放工具等。

（2）主要使用的菜单命令有：

① "对象"→"转换为曲线"。

② "对象"→"组合对象"。

③ "对象"→"取消组合对象"。

④ "文件"→"导入"。

⑤ "对象"→"顺序"。"顺序"命令又包括：

- 到页前面、到页后面；
- 到图层前面、到图层后面、向前一层、向后一层；
- 置于此对象前、置于此对象后。

2. 设计主题组件分析

乐羊羊系列卡通造型设计主题组件主要由身体、眼睛、嘴巴、腿、手等部分组成。

2.2.2 乐羊羊系列卡通造型设计过程

（1）选择"文件"→"导入"命令，从教材素材文件包中（在清华大学出版社网站可下载）导入一张乐羊羊位图，具体方法：在弹出的"导入"窗口中，选中位图素材"乐羊羊-素材"后，单击"导入"按钮，此时鼠标变成带有刻度的三角和一些参数的图标（如 ），直接在工作区拖动，即可将位图"乐羊羊—素材"导入到 CorelDRAW X8 的工作区中（拖动幅度的大小决定位图的大小），如图 2-8（a）所示。在工具箱中选取椭圆工具 绘制椭圆，如图 2-8（b）所示，将其转换为曲线（执行"对象"→"转换为曲线"命令），如图 2-8（c）所示，绘制乐羊羊的身体主要部分，也就是浅灰色部分。在工具箱中选取形状工具 ，通过增加或删除节点依次编辑成图 2-8（d）和图 2-8（e）所示的形状，进一步调整后，乐羊羊的身体主要部分就绘制完成了，如图 2-8（f）所示。

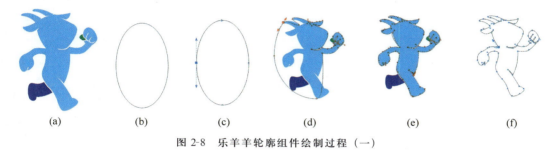

图 2-8 乐羊羊轮廓组件绘制过程（一）

绘制乐羊羊身体中的大拇指部分，也就是黑色部分，如图 2-9（a）所示。在工具箱中选取椭圆工具 绘制椭圆，如图 2-9（b）所示，将其转换为曲线，如图 2-9（c）所示。在工具箱中选取形状工具 ，通过增加或删除节点依次编辑成如图 2-9（d）所示形状，进一步调整后，乐羊羊的大拇指部分就绘制完成了，如图 2-9（e）所示。

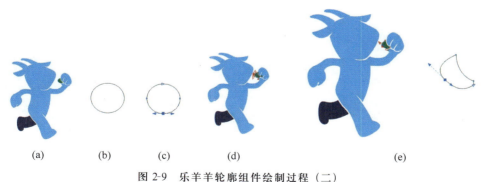

图 2-9 乐羊羊轮廓组件绘制过程（二）

绘制乐羊羊身体中的另外一条腿部分，也就是浅灰色部分，如图 2-10（a）所示，在工具箱中选取椭圆工具 绘制椭圆，如图 2-10（b）所示，将其转换为曲线，如图 2-10（c）所示。在工具箱中选取形状工具 ，通过增加或者删除节点依次编辑成如图 2-10（d）、图 2-10（e）所示形状，进一步调整后，乐羊羊的另外一条腿就绘制好了，如图 2-10（f）所示。这样,乐羊羊的身体部分就绘制完成了,如图 2-11 所示。

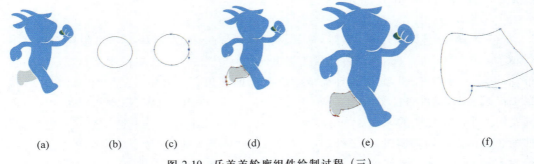

(a)　　　　　(b)　　　　　(c)　　　　　(d)　　　　　(e)　　　　　(f)

图 2-10　乐羊羊轮廓组件绘制过程（三）

（2）在工具箱中选取椭圆工具◯绘制一个椭圆,如图 2-12(a)所示,将其转换化为曲线,开始给乐羊羊的身体增加体积感。具体方法：在工具箱中选取形状工具◄,在绘制好的乐羊羊身体部分(见图 2-12(b))编辑成绿色部分的形状,如图 2-12(c)所示。在工具箱中选取交互式填充工具◈,执行"均匀填充"命令,在"编辑填充"对话框中将颜色值设为(C:15,M:17,Y:60,K:0),完成后单击"确定"按钮,如图 2-13(e)所示。如图 2-12(d)所示,填充为绿色,调整好相应的位置,增加卡通造型的体积感。

图 2-11　乐羊羊轮廓图

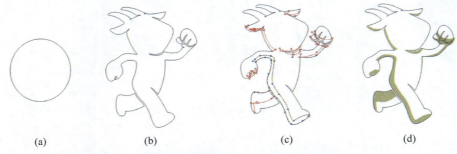

(a)　　　　　　(b)　　　　　　(c)　　　　　　(d)

图 2-12　乐羊羊造型修饰轮廓组件绘制过程

在工具箱中选取矩形工具▢绘制一个矩形,如图 2-13(a)所示,将其转换为曲线。然后给乐羊羊穿衣服,在工具箱中选取形状工具◄,在图 2-13(b)上使用矩形,将其编辑成橘黄色部分的形状,如图 2-13(c)所示。在工具箱中选取交互式填充工具 ⬦,执行"均匀填充"命令,在"编辑填充"对话框中将颜色值设为(C:1,M:39,Y:93,K:0),完成后单击"确定"按钮,如图 2-13(f)所示,填充为橘黄色,如图 2-13(d)所示。调整好相应的位置,乐羊羊的衣服就穿好了。

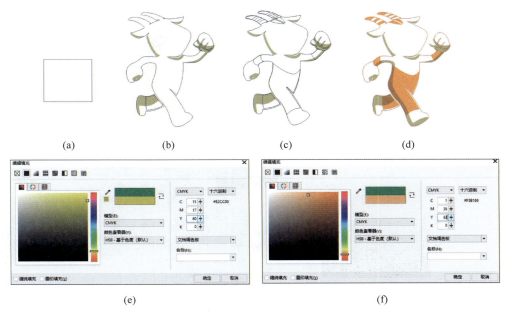

(a)　　　　　(b)　　　　　(c)　　　　　(d)

(e)　　　　　　　　　　　(f)

图 2-13　乐羊羊造型修饰轮廓组件颜色选择

给乐羊羊穿上衣服,也就是给卡通造型进行色彩修饰,画上眼睛,嘴巴。在软件状态栏右下角双击轮廓笔图标 🖊,弹出"轮廓笔"对话框,如图 2-14(a)所示,在对话框中设置参数如下:颜色为红色(C:0,M:100,Y:100,K:0);宽度为 4mm;斜接限制为 5;书法展开为 100,如图 2-14(b)所示,完成后单击"确定"按钮,将乐羊羊的轮廓修改成红色,如图 2-13(d)所示。

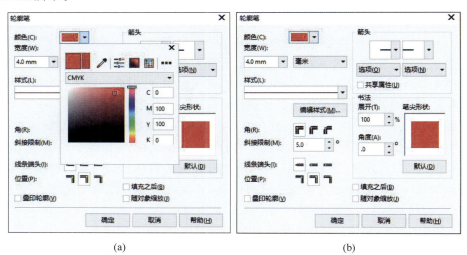

(a)　　　　　　　　　　　(b)

图 2-14　使用轮廓笔修改轮廓颜色

（3）在工具箱中选取椭圆工具▢绘制一个椭圆，如图 2-15(a)所示，将其转换为曲线。在工具箱中选取形状工具▢，通过增加或者删除节点依次编辑成如图 2-15(b)所示的形状。在工具箱中选取交互式填充工具▢，执行"均匀填充"命令，在"编辑填充"对话框中将眼睛颜色值设为(C:0,M:0,Y:0,K:100)，完成后单击"确定"按钮，如图 2-15(d)所示。眼睛做好后的效果如图 2-15(c)所示。

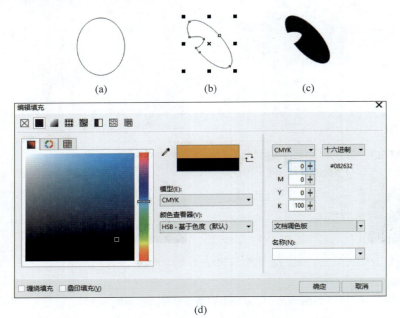

(a)　　　　　　　　(b)　　　　　　　　(c)

(d)

图 2-15　乐羊羊——眼睛轮廓绘制、填色

在工具箱中选取椭圆工具▢绘制一个椭圆，如图 2-16(a)所示，将其转换为曲线。在工具箱中选取形状工具▢通过增加或者删除节点依次编辑成图 2-16(b)、图 2-16(c)所示的嘴巴和舌头的形状。

在工具箱中选取交互式填充工具▢，执行"均匀填充"命令，在"编辑填充"对话框中将嘴巴颜色设置为红色(参数为 C:0,M:100,Y:100,K:0)，完成后单击"确定"按钮，如图 2-16(e)所示。嘴巴绘制完成后的效果如图 2-16(b)所示。

在工具箱中选取交互式填充工具▢，执行"均匀填充"命令，在"编辑填充"对话框中将舌头填充为粉色(参数为 C:10,M:75,Y:0,K:0)，完成后单击"确定"按钮，如图 2-16(f)所示。舌头绘制完成后的效果如图 2-16(c)所示。

将图 2-16(b)、图 2-16(c)组合(组合时要配合 Shift 键等比例缩放)，放在相应的位置，用同样的方法绘制高光部分，这样乐羊羊的嘴巴就绘制好了，如图 2-16(d)所示。

将绘制的图 2-13(d)、图 2-17(a)、图 2-17(b)和图 2-17(c)组合(组合时要配合 Shift 键等比例缩放)，按一定的比例放在相应的位置，可爱的乐羊羊就制作完成了，最终效果如图 2-17(d)所示。

（4）用第(1)～(3)步方法依次做出各自的造型，分别填充不同的颜色，一组可爱的乐羊羊组合就制作完成了，如图 2-18 所示。

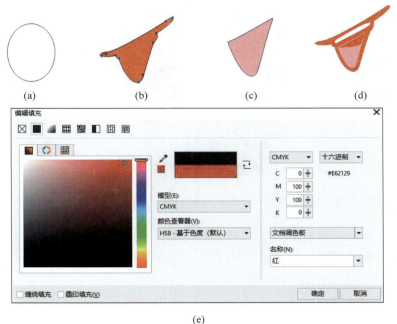

图 2-16 乐羊羊——嘴巴和舌头轮廓绘制、填色

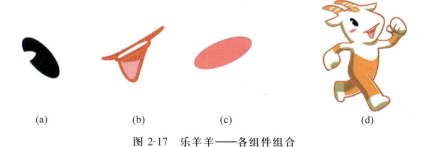

图 2-17 乐羊羊——各组件组合

图 2-18　乐羊羊各种造型效果

2.3　案例三：喜太阳系列卡通造型设计

喜太阳系列卡通造型设计如图 2-19 所示。

图 2-19　喜太阳系列卡通造型设计效果图

2.3.1　喜太阳系列卡通造型设计使用工具及其设计主题组件

1. 主要使用的工具及菜单命令

（1）主要使用的工具有：挑选工具、形状工具、椭圆（矩形、多边形）工具、轮廓工具、交互式填充工具（均匀填充）、缩放工具等。

（2）主要使用的菜单命令有：

① "对象"→"转换为曲线"。

② "对象"→"组合对象"。

③ "对象"→"取消组合对象"。

④ "对象"→"变换"→"旋转"（Alt＋F8）。

⑤ "对象"→"顺序"。"顺序"命令又包括：

- 到页前面、到页后面；
- 到图层前面、到图层后面、向前一层、向后一层；
- 置于此对象前、置于此对象后。

2. 设计主题组件分析

喜太阳系列卡通造型设计主题组件主要由光环造型部分和面部表情部分组成。

2.3.2　喜太阳系列卡通造型设计过程

先绘制面部表情部分，因为这一部分是每一个卡通造型共有的部分。

在工具箱中选取椭圆工具 ⊙ 绘制一个椭圆，如图 2-20(a)所示，将其转换为曲线。在工具箱中选取形状工具 ⬚，通过增加或者删除节点依次编辑成面部各部分的形状，如图 2-20(b)所示。

在工具箱中选取交互式填充工具 ◈，执行"均匀填充"命令，使用色彩参数去填充，如果是一些色彩比较单一的纯色，可以在右边的色彩工具箱中选取需要的颜色直接填充。分别填充好面部各部分的颜色，如图 2-20(a)所示。

注意：对于一个设计师来讲，要养成一个使用色彩参数的习惯，避免视觉上的色彩误差影响最终设计作品的效果。

在工具箱中选取椭圆工具 ⊙ 绘制一个正圆（绘制正圆时，拖动鼠标的同时按住 Ctrl 键），如图 2-20(d)所示。按照适当的比例将绘制好的面部各部分（见图 2-20(c)）按照一定的比例组合到正圆（见图 2-20(d)）中，在组合缩放时一定要配合 Shift 键等比例缩放，保证绘制好的组件在缩放过程中不会变形，这样一个可爱卡通造型——喜太阳的面部表情部分就绘制好了，如图 2-20(e)所示。

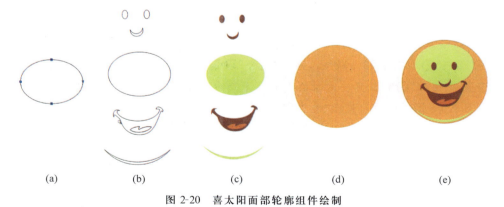

| (a) | (b) | (c) | (d) | (e) |

图 2-20　喜太阳面部轮廓组件绘制

1. 喜太阳卡通造型设计（一）

（1）在工具箱中选取矩形工具 ☐ 绘制一个矩形，如图 2-21(a)所示，将其转换为曲线。在工具箱中选取形状工具 ⬚，通过增加或者删除节点的方法编辑成想要的形状，在这里，需要在几个决定形状的地方增加 8 个节点，如图 2-21(b)所示，通过进一步编辑节点或拖动节点，依次编辑成如图 2-21(c)所示的形状。

选中要编辑的节点，如图 2-21(c)所示，单击鼠标右键，从弹出的快捷菜单中选择"到曲

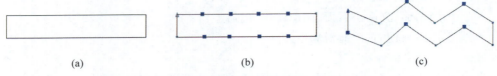

(a)   (b)   (c)

图 2-21　喜太阳外部轮廓组件绘制（一）

线"命令,如图 2-22(a)所示,通过调节杆分别编辑成如图 2-22(b)、图 2-22(c)和图 2-22(d)所示的形状。进一步修改后,就获得了想要的形状,如图 2-22(e)所示。

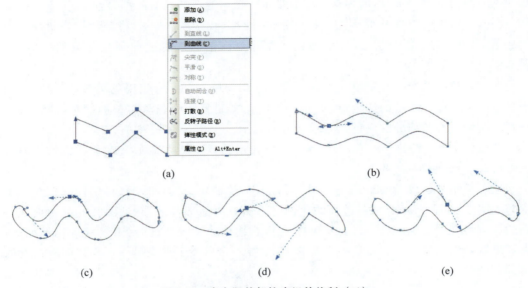

(a)   (b)

(c)   (d)   (e)

图 2-22　喜太阳外部轮廓组件绘制（二）

（2）将绘制好的"基本对象"（见图 2-22(e)）,用"挑选"工具选中后在中心点单击,就会出现"圆心"◉如图 2-23(a)所示,这个"圆心"◉是可以随便移动的,如图 2-23(b)所示。

注意:"圆心"◉的位置决定所绘制对象变化的轨迹。

按下 Alt+F8 组合键,弹出"变换"泊坞窗口。其中设置旋转的角度为 20°;中心的水平和垂直不需要设置,是自动生成的;"相对中心"选项不需要设置,因为在图 2-23(b)中设置好了"圆心"◉的位置;"副本"参数设置为 30,如图 2-23(c)所示。单击"应用"按钮,就会出现如图 2-23(d)所示的效果,这样,喜太阳卡通造型设计（一）的光环造型部分就绘制完成了,如图 2-23(e)所示。

（3）在工具箱中选取交互式填充工具🖌,执行"均匀填充"命令,在"编辑填充"对话框（见图 2-24(b)）中将颜色值设为（C:0,M:20,Y:100,K:0）,完成后单击"确定"按钮,如图 2-24(a)所示。

将图 2-25(a)和图 2-25(b)组合（组合时注意比例关系）,喜太阳卡通造型设计（一）就绘制完成了,如图 2-25(c)所示。

2. 喜太阳卡通造型设计（二）

（1）在工具箱中选取星形工具⭐绘制一个正五角星形（绘制正五角星形要配合 Ctrl

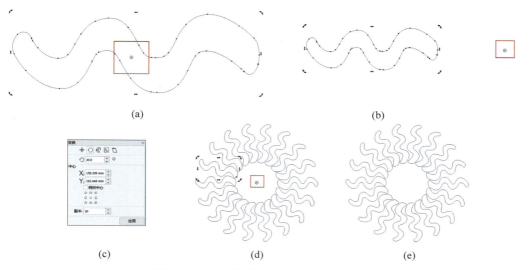

(a)　　　　　　　　　　　　　　　　　　　(b)

(c)　　　　　　　　(d)　　　　　　　　(e)

图 2-23 使用"变换"命令绘制外部特效

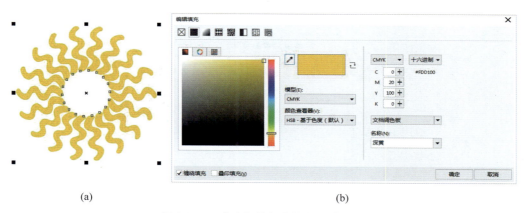

(a)　　　　　　　　　　　　　(b)

图 2-24 喜太阳外部特效填色（一）

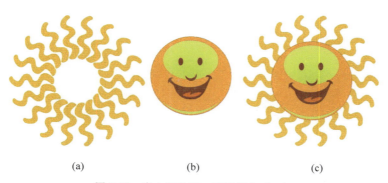

(a)　　　　　　　　(b)　　　　　　　　(c)

图 2-25 喜太阳外部、面部组合（一）

键),如图 2-26(a)所示。在"五角星形"工具属性栏中将"点数或边数"设置为 60,即可得到想要的图形,如图 2-26(b)所示。

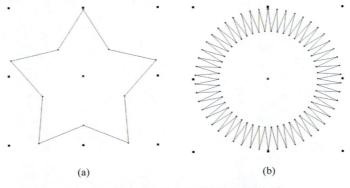

(a)　　　　　　　　　　　(b)

图 2-26　使用星形工具绘制外部特效(一)

(2) 在工具箱中选取交互式填充工具 "，执行"渐变填充"命令,弹出"编辑填充"对话框,将填充宽度设为 90.406%,水平偏移设为 4%;垂直偏移设为－10%,其他设置如图 2-27(b)所示。颜色可根据自己需要任意切换,单击"确定"按钮后,如图 2-27(a)所示。

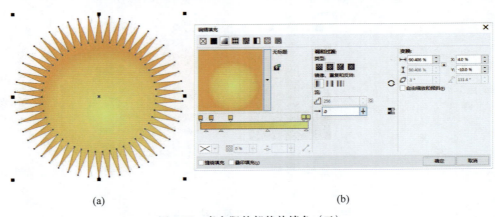

(a)　　　　　　　　　　　(b)

图 2-27　喜太阳外部特效填色(二)

将图 2-28(a)和图 2-28(b)组合(组合时注意比例关系),喜太阳卡通造型设计(二)就绘制完成了,如图 2-28(c)所示。

(a)　　　　　　(b)　　　　　　(c)

图 2-28　喜太阳外部、面部组合(二)

3. 喜太阳卡通造型设计（三）

（1）在工具箱中选取星形工具 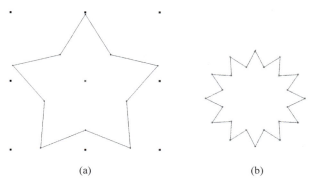 绘制一个正五角星形（绘制正五角星形要配合 Ctrl 键），如图 2-29（a）所示，在"五角星形工具"属性栏中将"点数或边数"设置为 12；"锐度"设置为 30，就得到了想要的图形。将其转换为曲线，如图 2-29（b）所示。

(a)   (b)

图 2-29　使用星形工具绘制外部特效（二）

用形状工具 选中要编辑的节点（选取多个节点时要配合 Shift 键），单击鼠标右键，从弹出的快捷菜单中选择"到曲线"命令，如图 2-30（a）所示。执行结束后，将选中节点删除，单击鼠标右键，从弹出的快捷菜单中选择"删除"命令，如图 2-30（b）所示（也可以直接按 Delete 键删除），这样，喜太阳卡通造型设计（三）的光环造型部分就绘制完成了，如图 2-31 所示。

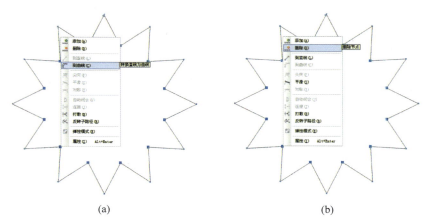

(a)   (b)

图 2-30　喜太阳外部轮廓局部调整（一）

图 2-31　喜太阳外部轮廓最终效果（一）

23

（2）在工具箱中选取交互式填充工具 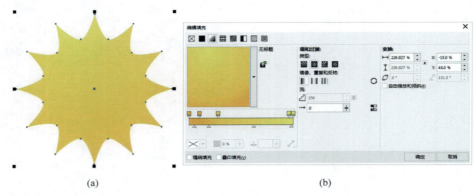，执行"渐变填充"命令，弹出"编辑填充"对话框，相关参数如图 2-32(b)所示。颜色可根据需要随意切换。单击"确定"按钮后，效果如图 2-32(a)所示。

图 2-32　喜太阳外部特效填色（三）

将图 2-33(a)和图 2-33(b)组合(组合时注意比例关系)，喜太阳卡通造型设计(三)就绘制完成了，如图 2-33(c)所示。

图 2-33　喜太阳外部、面部组合（三）

4. 喜太阳卡通造型设计(四)

（1）在工具箱中选取星形工具 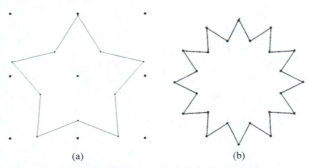绘制一个正五角星(绘制正五角星要配合 Ctrl 键)，如图 2-34(a)所示。在"五角星工具"属性栏中将"点数或边数"设置为 12；"锐度"设置为 30，就得到了想要的图形，将其转换为曲线，如图 2-34(b)所示。

图 2-34　使用星形工具绘制外部特效（三）

用形状工具 选中要编辑的节点（选取多个节点时要配合 Shift 键），单击鼠标右键，从弹出的快捷菜单中选择"到曲线"命令，如图 2-35（a）所示。执行结束后，选中要删除的节点，单击鼠标右键，从弹出的快捷菜单中选择"删除"命令，如图 2-35（b）所示（也可以直接按 Delete 键删除）。这样，喜太阳卡通造型设计（四）的光环造型部分就绘制完成了，如图 2-36 所示。

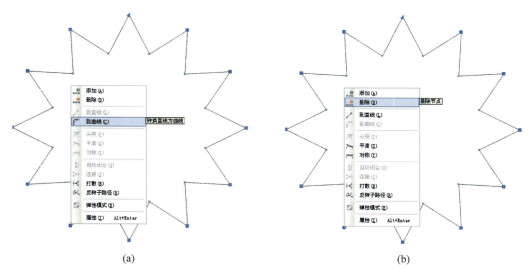

(a)   (b)

图 2-35 喜太阳外部轮廓局部调整（二）

图 2-36 喜太阳外部轮廓最终效果（二）

（2）在工具箱中选取交互式填充工具 ，执行"渐变填充"命令，弹出"编辑填充"对话框，相关参数如图 2-37（b）所示，颜色可根据需要随意切换，单击"确定"按钮后，效果如图 2-37（a）所示。

将图 2-38（a）和图 2-38（b）组合（组合的时候注意比例关系），喜太阳卡通造型设计（四）就绘制完成了，如图 2-38（c）所示。

将图 2-25（c）、图 2-28（c）、图 2-33（c）和图 2-38（c）排列在一起，一组喜太阳卡通造型设计就完成了，如图 2-19 所示。

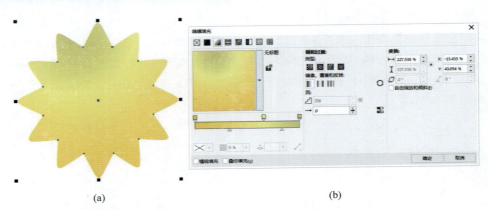

图 2-37　喜太阳外部特效填色（四）

(a)　　　　　　　　　　(b)　　　　　　　　　　(c)

图 2-38　喜太阳外部、面部组合（四）

2.4　自学案例

掌握以上介绍的基本工具和方法，就可以解决不同类型、不同造型、不同图形的相关设计。

2.4.1　水晶按钮设计

水晶按钮设计如图 2-39 所示。

图 2-39　水晶按钮设计效果

2.4.2 猴博士卡通造型设计

猴博士卡通造型设计效果如图 2-40 所示。

图 2-40 猴博士卡通造型设计效果

2.4.3 丫丫卡通造型设计

丫丫卡通造型设计效果如图 2-41 所示。

图 2-41 丫丫卡通造型设计效果

小结：本章实例旨在重点掌握"形状"工具和"转换为曲线"命令，因为这两个工具和命令贯穿了平面设计软件 CorelDRAW X8 的全过程，做任何图形都会使用到，所以通过不同卡通造型的绘制，反复使用重点掌握的工具和命令，为后面的学习打好基础。

第 3 章　标志设计

3.1　案例一："禁止吸烟"标志设计

"禁止吸烟"标志设计如图 3-1 所示。

图 3-1　"禁止吸烟"标志设计

3.1.1　"禁止吸烟"标志设计使用工具及其设计主题组件

1. 主要使用的工具及菜单命令

（1）主要使用的工具有：挑选工具、形状工具、椭圆（矩形、多边形）工具、轮廓工具、交互式填充工具、文本工具、缩放工具等。

（2）主要使用的菜单命令有：

①"对象"→"转换为曲线"。

②"对象"→"组合对象"。

③"对象"→"取消组合对象"。

④"对象"→"变换"→"旋转"（Alt＋F8）。

⑤ "对象"→"顺序"。"顺序"命令又包括：

- 到页前面、到页后面；
- 到图层前面、到图层后面、向前一层、向后一层；
- 置于此对象前、置于此对象后。

2. 设计主题组件分析

"禁止吸烟"标志设计主题组件由圆环部分、香烟部分、背景部分、文字部分组成。

3.1.2 "禁止吸烟"标志设计过程

（1）在工具箱中选取椭圆工具  绘制一个正圆,使用"轮廓图"工具,在工具属性栏选择
"内部轮廓",将轮廓图步长参数设置为1,将轮廓图偏移参数设置为10mm,如图3-2(a)和图
3-2(b)所示。接着单击鼠标右键,从快捷菜单中选择"拆分轮廓图群组"命令。再执行"对
象"→"合并"命令,并填充为红色,如图3-2(c)所示。

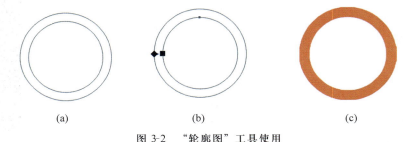

（a）　　　　　　　　　（b）　　　　　　　　　（c）

图 3-2　"轮廓图"工具使用

在工具箱中选取矩形工具 □ 绘制一个高 100mm,宽 80mm 的矩形,同时旋转 45°,并
填充为红色（参数为 C:0、M:100、Y:100、K:0）,完成后单击"确定"按钮,如图 3-3(a)和
图 3-3(b)所示。将图 3-3(a)和图 3-3(b)组合,第一部分就做好了,如图 3-3(c)所示。

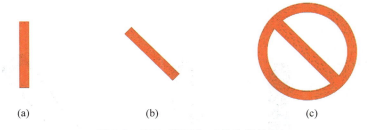

（a）　　　　　　　　　（b）　　　　　　　　　（c）

图 3-3　使用"矩形"工具绘制斜杠

（2）在工具箱中选取矩形工具 □ 绘制一个矩形,如图 3-4(a)所示,用形状工具 ▶ 将
"转角半径"参数设置为 30,如图 3-4(b)所示,填充为黑色（参数为 C:0、M:0、Y:0、K:
100）,如图 3-4(c)所示。

在工具箱中选取矩形工具 □ 绘制一个矩形,如图 3-5(a)所示,并将其转换为曲线。
在工具箱中选取形状工具 ▶,通过增加或者删除节点的方法给矩形添加两个节点并选
中,直接拖动鼠标或配合键盘方向键,将两个节点移到图 3-5(b)所示的位置。单击鼠标

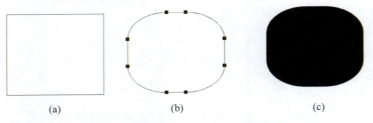

(a)　　　　　　　　(b)　　　　　　　　(c)

图 3-4　使用"矩形"工具绘制香烟局部(一)

右键,从快捷菜单中选择"到曲线"命令,如图 3-5(c)所示,再将两个节点删除(按 Delete 键),如图 3-5(d)所示。将其填充为黑色(参数为 C:0、M:0、Y:0、K:100)并与图 3-4(c)组合,如图 3-5(e)所示。

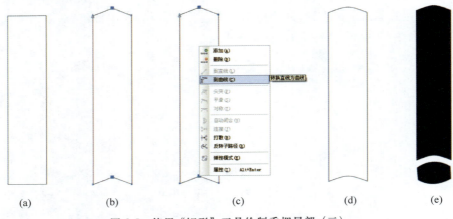

(a)　　　　　(b)　　　　　(c)　　　　　(d)　　　　　(e)

图 3-5　使用"矩形"工具绘制香烟局部(二)

复制一个如图 3-5(d)所示图形,复制时可以直接拖动被复制对象,单击鼠标右键,也可以执行"编辑"→"复制"(Ctrl+C)/"粘贴"(Ctrl+V)命令,得到图 3-6(a)所示图形。将图 3-6(a)组合在图 3-6(b)上,如图 3-6(c)所示,然后整体旋转-20°,香烟就绘制完成了,如图 3-6(d)所示。

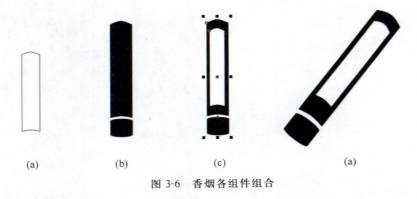

(a)　　　　　　(b)　　　　　　(c)　　　　　　(a)

图 3-6　香烟各组件组合

在工具箱中选取贝塞尔工具 ,绘制如图 3-7(a)所示图形。在工具箱中选取形状工具 ,通过增加或者删除节点依次编辑成如图 3-7(b)所示的形状,通过进一步调整就绘

制完成了,如图 3-7(c)所示,并填充为黑色(参数为 C:0、M:0、Y:0、K:100)。完成后单击"确定"按钮,如图 3-7(d)所示。

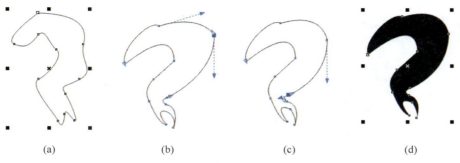

(a) (b) (c) (d)

图 3-7 使用"贝塞尔"工具绘制烟雾轮廓(一)

在工具箱中选取贝塞尔工具 ,绘制如图 3-8(a)所示图形。在工具箱中选取形状工具 通过增加或者删除节点依次编辑成图 3-8(b)所示的形状,通过进一步调整就绘制完成了,如图 3-8(c)所示,并填充为黑色(参数为 C:0、M:0、Y:0、K:100),完成后单击"确定"按钮,如图 3-8(d)所示。

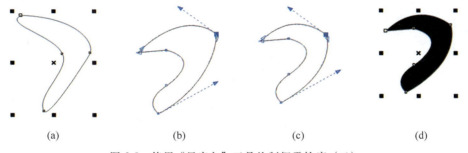

(a) (b) (c) (d)

图 3-8 使用"贝塞尔"工具绘制烟雾轮廓(二)

将图 3-7(d)和图 3-8(d)组合,得到图 3-9(a),再与图 3-6(d)组合,便得到想要的图形,如图 3-9(b)所示。

(a) (b)

图 3-9 香烟、烟雾组件组合

(3)在工具箱中选取矩形工具 绘制一个矩形,如图 3-10(a)所示,用形状工具 分别将"转角半径"参数设置为15,效果如图3-10(b)所示,填充为红色(参数为C:0、M:100、Y:100、K:0),如图3-10(c)所示。

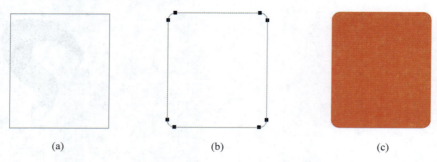

图3-10 使用"矩形"工具绘制背景(一)

复制一个图3-10(b)所示图形,在工具箱中选取形状工具 ，通过增加或者删除节点的方法给矩形添加两个节点,如图3-11(a)所示。选中矩形下面的4个节点,如图3-11(b)所示,将4个节点删除(按Delete键),选中在图3-11(a)添加的两个节点中的其中一个,单击鼠标右键,从弹出的快捷菜单中选择"到直线"命令,如图3-11(c)所示,执行结束后,就绘制完成了,如图3-11(d)所示,并填充为白色(参数为C:0、M:0、Y:0、K:0)。

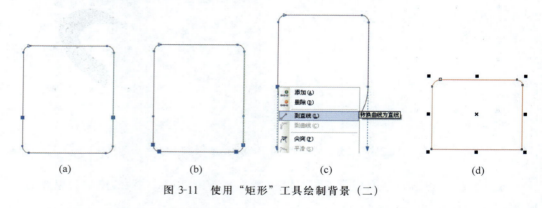

图3-11 使用"矩形"工具绘制背景(二)

分别将图3-12(a)和图3-12(b)组合,在工具箱中选取文本工具 字 ,字体设置为"黑体",输入"禁止吸烟(NO SMOKING)"字样,放入图3-12(c)中下面位置,再把绘制好的图3-13(a)(即图3-3(c)和图3-9(b)的组合)与图3-12(c)组合,一个"禁止吸烟(NO SMOKING)"的标志就绘制好了,如图3-13(b)所示。

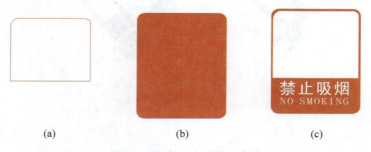

图3-12 局部组合并输入文字

(a) (b)

图 3-13 "禁止吸烟"标志各组件组合

3.2 案例二：中华人民共和国国庆 70 周年标志设计

中华人民共和国国庆 70 周年标志设计效果如图 3-14 所示。

图 3-14 中华人民共和国国庆 70 周年标志设计效果

3.2.1 中华人民共和国国庆 70 周年标志设计使用工具及其设计主题组件

1. 主要使用的工具及菜单命令

（1）主要使用的工具有：挑选工具、形状工具、椭圆工具、多边形工具（星形）、轮廓工具、轮廓笔工具（无轮廓）、文本工具、交互式填充工具等。

（2）主要使用的菜单命令有：

① "对象"→"转换为曲线"。

② "对象"→"组合对象"。

③ "对象"→"取消组合对象"。

④ "对象"→"造型"。

⑤ "对象"→"合并"。

⑥ "对象"→"顺序"。"顺序"命令又包括:

• 到页前面、到页后面;

• 到图层前面、到图层后面、向前一层、向后一层;

• 置于此对象前、置于此对象后。

2. 设计主题组件分析

中华人民共和国国庆 70 周年标志设计主题主要组件由五角形部分、数字 70 部分、背景部分、文字部分组成。

3.2.2 中华人民共和国国庆 70 周年标志设计过程

(1) 在工具箱中选取多边形工具中的星形工具 绘制一个正五角星,如图 3-15(a)所示,切换到形状工具 ,通过增加或者删除节点的方法给正五角星删除三个节点,如图 3-15(b)和图 3-15(c)所示(选中后按 Delete 键),就绘制完成了,并填充为红色(参数为 C:0、M:100、Y:100、K:0),如图 3-15(d)所示。

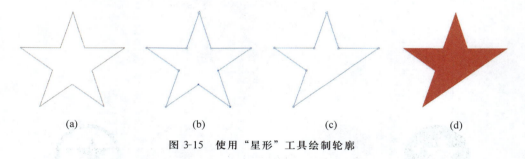

图 3-15 使用"星形"工具绘制轮廓

(2) 在工具箱中选取椭圆工具 绘制一个椭圆,如图 3-16(a)所示,使用轮廓工具 ,在工具属性栏选择"内部轮廓",将"轮廓图步长"参数设置为 1,将"轮廓图偏移"参数设置为 10mm,如图 3-16(b)所示。接着单击鼠标右键,从弹出的快捷菜单中选择"拆分轮廓图群组"命令,如图 3-16(c)所示。再执行"对象"→"合并"命令,形成两个椭圆环,如图 3-17(a)所示。在工具箱中选取交互式填充工具 ,在"编辑填充"对话框中设置相关参数,如图 3-17(d)所示。

执行"对象"→"造型"命令,弹出"造型"泊坞窗口,如图 3-17(e)所示。用此命令可以得到很多图形,除"焊接"命令外,它还包括"修剪""简化""相交"等,可根据想要的形状选择不同的命令。因为图 3-17(c)的形状必须是两个对象相互作用的结果,所以使其中一个椭圆环处于被选中状态,如图 3-17(b)所示,选中小圆环。在图 3-17(e)选择"焊接"选项,单击"焊接到"按钮,当鼠标指针处于焊接状态 时,单击被焊接的部分,这样就可以得到如图 3-17(c)所示形状。

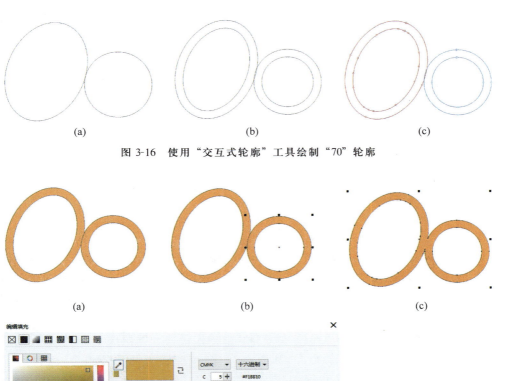

(a)　　　　　　　　　　　　(b)　　　　　　　　　　　　(c)

图 3-16　使用"交互式轮廓"工具绘制"70"轮廓

(a)　　　　　　　　　　　　(b)　　　　　　　　　　　　(c)

(d)　　　　　　　　　　　　　　　　　　　　　　(e)

图 3-17　使用"焊接"命令绘制"70"轮廓、填色

在工具箱中使用形状工具 选取图 3-17(c)所示大椭圆环最上面的两个节点,单击鼠标右键,从快捷菜单中选择"拆分"命令,如图 3-18(a)所示。分别将两个接点拖开,如图 3-18(b)所示,分别重合两个接点,就会自动闭合,如图 3-18(c)所示。

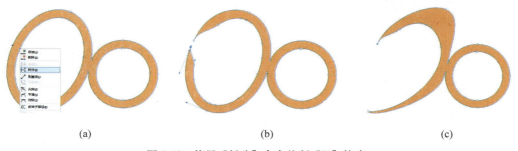

(a)　　　　　　　　　　　　(b)　　　　　　　　　　　　(c)

图 3-18　使用"拆分"命令绘制"70"轮廓

在工具箱中使用形状工具 选中需要调节的节点,如图 3-19(a)所示,通过增加或者删除节点依次编辑成如图 3-19(b)所示的形状。将边框去掉,就得到了想要的图形,如图 3-19(c)所示。

(a)　　　　　　　　(b)　　　　　　　　(c)

图 3-19　使用"形状"工具绘制"70"轮廓

在工具箱中选取多边形工具中的星形工具 绘制一个正五角星,复制 4 个并按如图 3-20(a)所示排列。在工具箱中选取一个几何形状,切换到形状工具 ,通过增加或者删除节点依次编辑成如图 3-20(b)所示的形状。将图 3-19(c)、图 3-20(a)和图 3-20(b)按适当的比例组合,就得到了如图 3-20(c)所示图形。

使用文本工具 字 分别输入"1949-2009"和"中华人民共和国国庆 70 周年",排列成如图 3-20(d)所示的形状,将图 3-20(d)和图 3-20(e)按照适当的比例组合,就得到了如图 3-61(d)所示,"中华人民共和国国庆 70 周年标志"就轻松设计好了,如图 3-20(f)所示。

(a)　　　　　　　　(b)　　　　　　　　(c)

(d)　　　　　　　　(e)　　　　　　　　(f)

图 3-20　国庆 70 周年标志各局部组件及组合

通过更换背景或标志的颜色就可以得到不同颜色和不同背景标志的组合,如图 3-14所示,使得标志在不同的环境都好使用,方便识别。

3.3　案例三：商业标志设计

商业标志设计效果如图 3-21 所示。

图 3-21　商业标志设计效果

3.3.1　商业标志设计使用工具及其设计主题组件

1. 主要使用的工具及菜单命令

（1）主要使用的工具有：挑选工具、形状工具、椭圆工具、矩形工具、轮廓工具、交互式填充工具（均匀填充、渐变填充）等。

（2）主要使用的菜单命令有：

①"对象"→"转换为曲线"。

②"对象"→"组合对象"。

③"对象"→"取消组合对象"。

④"对象"→"造型"。

⑤"对象"→"合并"。

⑥"对象"→"顺序"。"顺序"命令又包括：

- 到页前面、到页后面；
- 到图层前面、到图层后面、向前一层、向后一层；
- 置于此对象前、置于此对象后。

2. 设计主题组件分析

"人先医疗"商业标志设计主题组件主要由圆环、"人"字形部分组成。

3.3.2　商业标志设计过程

（1）在工具箱中选取椭圆形工具 绘制一个椭圆，宽为 36，高为 22，如图 3-22（a）所示,使用轮廓工具 ,在工具属性栏中选择"内部轮廓",将"轮廓图步长"参数设置为1,将"轮廓图偏移"参数设置为4.5mm,如图3-22(b)所示。接着单击鼠标右键,从弹出的快捷菜单中选择"拆分轮廓图群组"命令,如图3-22(c)所示。

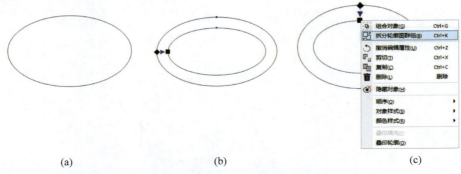

(a)　　　　　　　　(b)　　　　　　　　(c)

图 3-22　使用"轮廓"工具绘制轮廓

执行"对象"→"造型"命令,弹出"造型"泊坞窗口,如图3-23(b)所示。用此命令可以得到很多图形,除"修剪"命令外,它还包括"焊接""简化""相交"等,可根据想要的形状选择不同的命令。因为要得到如图3-23(a)的形状,必须是两个对象相互作用的结果,所以使其中一个椭圆环处于被选中状态,如图3-23(a)所示的内部椭圆环。在图3-23(b)选择"修剪"选项,单击"修剪"按钮,再单击被修剪的部分,这样就可以得到想要的图3-24(a)所示形状。

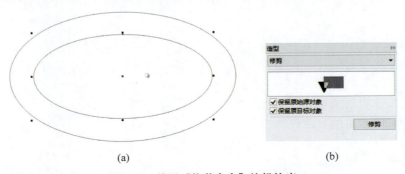

(a)　　　　　　　　(b)

图 3-23　使用"修剪命令"编辑轮廓

将图3-24(a)选中并转换为曲线(执行"对象"→"转换为曲线"命令)。使用形状工具 ,通过增加或者删除节点的方法编辑成想要的形状,这里需要在几个决定形状的地方增加 4 个节点,如图3-24(b)所示。

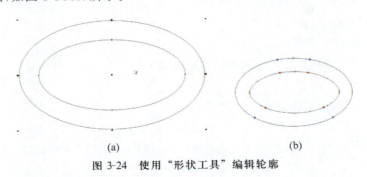

(a)　　　　　　　　(b)

图 3-24　使用"形状工具"编辑轮廓

将椭圆环的 4 个连接点选中,如图 3-25 所示,单击鼠标右键,从弹出的快捷菜单中选择"拆分"命令。

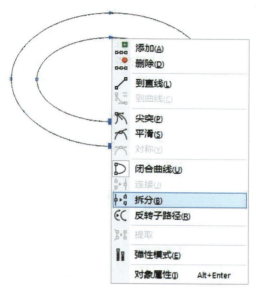

图 3-25 使用"拆分"命令编辑轮廓

执行"拆分"命令后,可以看到原来的一个节点变成了两个,如图 3-26(a)所示。可选取任意两个节点,如图 3-26(b)所示,单击鼠标右键,从弹出的快捷菜单中选择"删除"命令,也可以按 Delete 键。删除后效果如图 3-26(c)所示。

紧接着将节点分别对接,如图 3-26(d)所示,通过移动调节杆,如图 3-27(a)和图 3-27(b)所示,进一步修改后,就轻松获得了想要的形状,如图 3-27(c)所示。

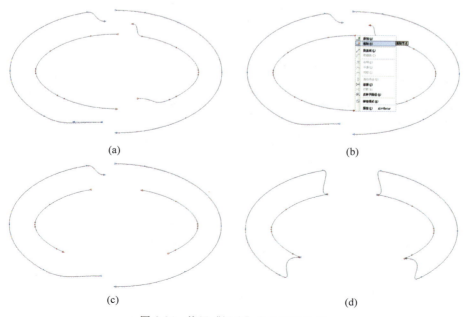

(a)   (b)

(c)   (d)

图 3-26 使用"拆分"命令编辑轮廓

将对接好的 4 个连接点选中，单击鼠标右键，从弹出的快捷菜单中选择"闭合曲线"命令，如图 3-27（d）所示。使用交互式填充工具 中的"均匀填充"将图 3-27（c）填充为桔黄色，将颜色值设置为如图 3-27（f）所示，即参数为 C:3、M:19、Y:36、K:1。完成后单击"确定"按钮，如图 3-27（e）所示。

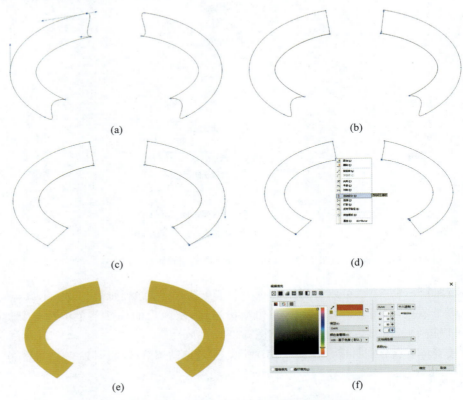

图 3-27　使用"闭合曲线"命令编辑轮廓、填色

（2）在工具箱中选取矩形工具 ▢ 绘制一个矩形，如图 3-28（a）所示，将其转换为曲线（执行"对象"→"转换为曲线"命令）。在工具箱中选取形状工具 ⬚，通过增加或者删除节点的方法编辑成想要的形状，这里需要在几个决定形状的地方增加 6 个节点，如图 3-28（b）所示，通过进一步编辑节点或拖动节点上的调节杆依次编辑成如图 3-29（a）所示的形状。

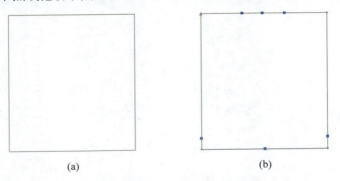

图 3-28　使用"形状"工具绘制"人"轮廓（一）

选中要编辑的节点,如图 3-29(b)所示,单击鼠标右键,从弹出的快捷菜单中选择"到曲线"命令,执行结束后,单击鼠标右键,从弹出的快捷菜单中选择"删除"命令,再将 3 个节点删除(也可以按 Delete 键),删除后如图 3-29(c)所示。进一步调整调节杆后,就得到想要的图形,如图 3-29(d)所示。

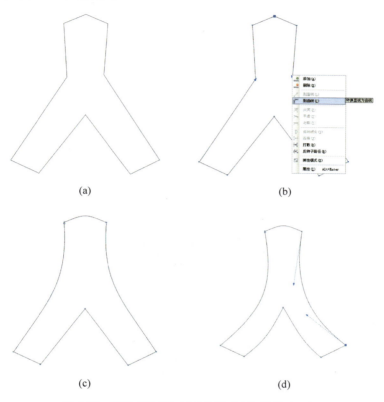

图 3-29 使用"形状"工具绘制"人"轮廓(二)

在工具箱中选取交互式填充工具 ⬦,在"编辑填充"对话框中选择"渐变填充",渐变类型设置为"线性",其他参数设置如图 3-30(b)所示。

图 3-30 给绘制的"人"轮廓填色

将图 3-31(a)和图 3-31(b)组合(在组合时注意图形之间的比例关系),组合后如图 3-31(c)所示。

(a)   (b)   (c)

图 3-31　商业标志各局部组件及组合

视频讲解

3.4　案例四：微信标志设计

微信标志设计效果如图 3-32 所示。

图 3-32　微信标志设计效果

3.4.1　微信标志设计使用工具及其设计主题组件

1. 主要使用的工具及菜单命令

(1)主要使用的工具有：挑选工具、形状工具、椭圆工具、矩形工具、轮廓工具、交互式填充工具(均匀填充)等。

(2)主要使用的菜单命令有：

①"对象"→"转换为曲线"。

②"对象"→"组合对象"。

③"对象"→"取消组合对象"。

④"对象"→"造型"。

⑤"对象"→"顺序"。"顺序"命令又包括：

• 到页前面、到页后面；

• 到图层前面、到图层后面、向前一层、向后一层；

• 置于此对象前、置于此对象后。

2. 设计主题组件分析

微信标志设计主题组件主要由背景、椭圆形部分组成。

3.4.2 微信标志设计过程

（1）在工具箱中选取矩形工具 绘制一个正方形，如图 3-33（a）所示，使用形状工具 编辑成如图 3-33（b）所示形状，填充为绿色（参数为 C：100、M：0、Y：100、K：0），如图 3-33（c）所示。

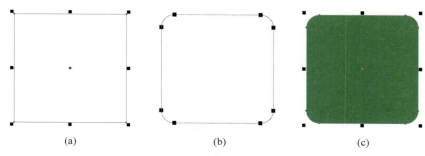

图 3-33 微信标志背景绘制

（2）在工具箱中选取椭圆工具 绘制一个椭圆，如图 3-34（a）所示，分别再绘制两个小椭圆，放在如图 3-34（b）所示的位置。在工具箱中选取基本形状工具 绘制一个三角形，如图 3-34（c）所示，并放在相应的位置上，如图 3-34（d）所示。执行"造型"命令中的"修剪""焊接"对标志进行编辑，就得到了如图 3-34（e）所示的图形。

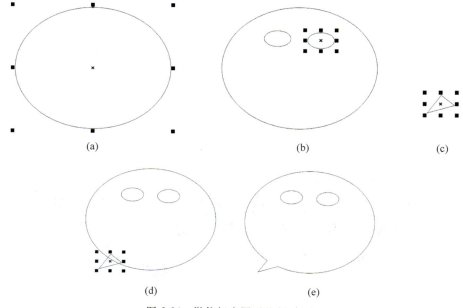

图 3-34 微信标志图形绘制（一）

将图 3-34(e)所示图形复制,执行"水平镜像"命令,如图 3-35(a)所示。缩放到一定大小后与图 3-34(e)组合,如图 3-35(b)所示。执行"造型"命令中的"修剪"命令,将图案拖动到合适位置,并填充为白色,就得到了微信标志图形,如图 3-35(c)所示。

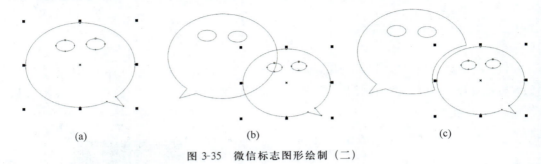

(a)   (b)   (c)

图 3-35　微信标志图形绘制(二)

将图 3-36(a)和图 3-36(b)组合。微信标志设计就完成了,如图 3-36(c)所示。

(a)   (b)   (c)

图 3-36　各局部组件组合

3.5　自学案例

掌握以上图形设计的方法,可以解决不同类型、不同造型、不同图形的设计。

3.5.1　危险货物包装标志设计

危险货物包装标志设计效果如图 3-37 所示。

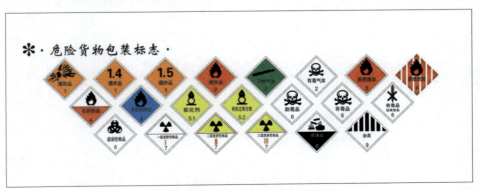

图 3-37　危险货物包装标志设计效果

3.5.2　CNBC 商业标志设计

CNBC 商业标志设计效果如图 3-38 所示。

图 3-38　CNBC 商业标志设计效果

3.5.3　Adobe 标志设计

Adobe 标志设计效果如图 3-39 所示。

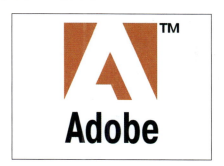

图 3-39　Adobe 标志设计效果

　　小结：本章实例是第 2 章的延续，旨在重点掌握"形状"工具和"转换为曲线"命令，因为这两个工具或命令可以帮助设计师做出任何想要做的图形。本章还强化了对工具属性栏的关注，工具属性栏是单个工具用途的进一步诠释。同时，本章还强化了"对象"菜单的相关命令和轮廓图工具的学习，通过标志的绘制，反复使用重点掌握的工具和命令，为后面熟练运用 CorelDRAW X8 打下扎实的基础。

第 4 章　产品造型设计

4.1　案例一：彩色灯泡造型设计

灯泡造型设计效果如图 4-1 所示。

图 4-1　灯泡造型设计效果

4.1.1　彩色灯泡造型设计使用工具及其设计主题组件

1. 主要使用的工具及菜单命令

（1）主要使用的工具有：挑选工具、形状工具、椭圆工具、矩形工具、手绘工具（贝塞尔曲线）、轮廓工具、交互式填充工具（渐变填充）等。

（2）主要使用的菜单命令有：

① "对象"→"转换为曲线"。

② "对象"→"组合对象"。

③ "对象"→"取消组合对象"。

④ "对象"→"造型"。

⑤ "对象"→"顺序"。"顺序"命令又包括：

- 到页前面、到页后面；
- 到图层前面、到图层后面、向前一层、向后一层；
- 置于此对象前、置于此对象后。

2. 设计主题组件分析

灯泡造型设计主题主要组件由灯芯、灯丝、灯泡、灯座等部分组成。

4.1.2　灯泡造型设计过程

（1）绘制灯芯的所有组件。在工具箱中选取椭圆工具 绘制一个椭圆，如图4-2（a）
所示，并转换为曲线。在工具箱中选取形状工具 ，通过增加或者删除节点的方法编辑
成想要的形状，这里需要在几个决定形状的地方增加4个节点，如图4-2（b）所示，通过进
一步编辑节点或拖动节点上的调节杆依次编辑成如图4-2（c）和图4-2（d）所示的形状。
至此，第（1）步所要的形状就绘制完成了。

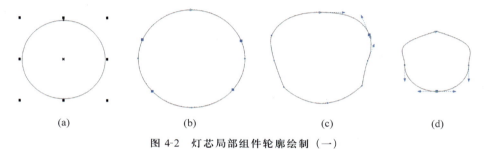

图4-2　灯芯局部组件轮廓绘制（一）

在工具箱中选取椭圆工具 绘制一个椭圆，如图4-3（a）所示，执行"对象"→"造型"
命令，弹出"造型"泊坞窗口，如图4-3（b）所示，用此命令可以得到很多图形。在图4-3（b）
中选择"修剪"选项，单击"修剪"按钮，再单击被修剪的对象，如图4-3（c）所示。这样就可
以得到图4-3（d）所示的形状。

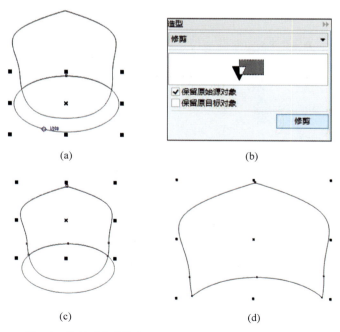

图4-3　使用"修剪"命令编辑灯芯局部组件轮廓（一）

在工具箱中选取椭圆工具 绘制一个正圆,如图 4-4(a)所示,组合成如图 4-4(b)所示图形,执行"对象"→"造型"命令,弹出"造型"泊坞窗口,如图 4-4(c)所示,用此命令可以得到很多图形。在图 4-4(c)中选择"修剪"选项,单击"修剪"按钮,再单击被修剪的对象,如图 4-4(d)所示。这样就可以得到如图 4-4(e)所示的形状。

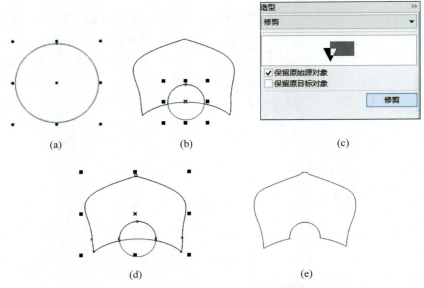

图 4-4 使用"修剪"命令编辑灯芯局部组件轮廓(二)

将图 4-4(e)所示图形转换为曲线,稍作调整,如图 4-5(a)所示。在工具箱中选取交互式填充工具 ,在"编辑填充"对话框中,将参数设置如图 4-5(b)所示,单击"确定"按钮。就得到了如图 4-5(c)所示图形。

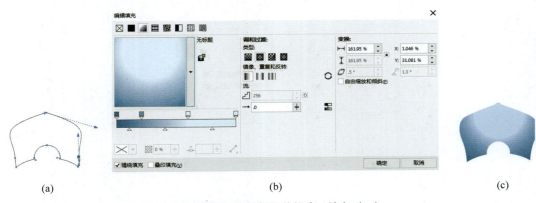

图 4-5 调整灯芯局部组件轮廓、填色(一)

在工具箱中选取矩形工具 绘制一个矩形,如图 4-6(a)所示,并转换为曲线。切换到形状工具 ,通过增加或者删除节点的方法编辑成想要的形状,这里需要在几个决定形状的地方增加 4 个节点,如图 4-6(b)所示,通过进一步编辑节点或拖动节点上的调节杆依次编辑成图 4-6(c)和图 4-6(d)所示的形状。至此,所需要的形状基本就绘制完

成了。

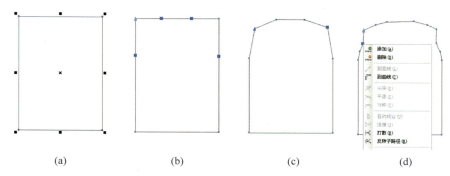

(a)　　　　　　　　(b)　　　　　　　　(c)　　　　　　　　(d)

图 4-6　灯芯局部组件轮廓绘制（二）

将图 4-4(a)所示的正圆复制一个，组合成如图 4-7(a)所示的图形，执行"对象"→"造型"命令，弹出"造型"泊坞窗口，如图 4-7(b)所示，选择"修剪"选项，单击"修剪"按钮，再单击被修剪的对象，如图 4-8(a)所示。这样就可以得到如图 4-8(b)所示的形状。

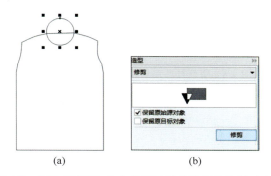

(a)　　　　　　　　　　　(b)

图 4-7　使用"修剪"命令编辑灯芯局部组件轮廓（三）

在工具箱中选取交互式填充工具，在"编辑填充"对话框中选取"渐变填充"，将参数设置为如图 4-8(c)所示，单击"确定"按钮，就得到了如图 4-8(d)所示的图形。

将图 4-5(c)和图 4-8(d)组合，灯芯主体部分就绘制完成了，如图 4-9(a)所示。

下面绘制灯芯上的装饰效果，如图 4-9(b)所示。首先，观察该图上的装饰效果由几部分组成（边框厚度、高光、玻璃的透明度等）。

在工具箱中选取矩形工具绘制一个矩形，如图 4-10(a)所示，并转换为曲线。切换到形状工具，通过增加或者删除节点的方法编辑成想要的形状，这里需要在几个决定形状的地方增加节点，如图 4-10(b)所示，通过进一步编辑节点或拖动节点上的调节杆依次编辑成如图 4-10(c)所示的形状。至此，所需要的形状基本上就完成了。

给绘制好的形状填充颜色。在工具箱中选取交互式填充工具中的渐变填充，在"编辑填充"对话框中，将参数设置为如图 4-11(c)所示，单击"确定"按钮，如图 4-11(a)所示。将其复制一个，在工具属性栏中执行"水平镜像"命令，灯芯边框部分就绘制完成了，如图 4-11(b)所示，并组合在图 4-9(a)相应的位置上。

接着制作高光部分。在工具箱中选取椭圆工具绘制一个椭圆，如图 4-12(a)所示，

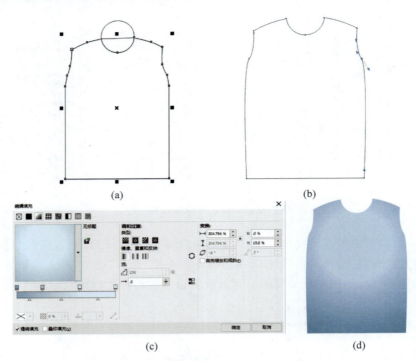

(a)　　　　　　　　　　　　　　　(b)

(c)　　　　　　　　　　　　　　　(d)

图 4-8　调整灯芯局部组件轮廓、填色（二）

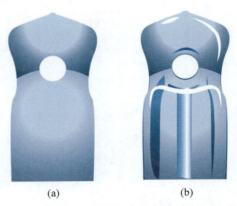

(a)　　　　　　　(b)

图 4-9　灯芯修饰各组件组合最终效果

并转换为曲线。在工具箱中选取形状工具 ，通过增加或者删除节点的方法编辑成想要的形状，通过进一步编辑节点或拖动节点上的调节杆依次编辑成图 4-12(b)、图 4-12(c)和图 4-12(d)所示的形状，并组合在图 4-9(a)相应的位置上。

制作灯芯透明度部分。在工具箱中选取矩形工具 绘制一个矩形，如图 4-13(a)所示，并转换为曲线。在工具箱中选取形状工具 ，通过增加或者删除节点的方法编辑成想要的形状，通过进一步编辑节点或拖动节点上的调节杆依次编辑成图 4-13(b)和图 4-13(c)所示的形状，并将其组合成如图 4-13(d)所示的形状。

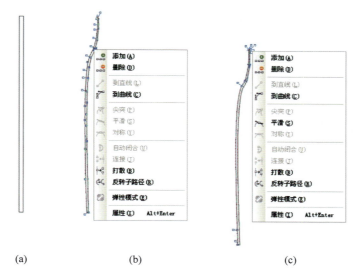

(a)　　　　　　　　　(b)　　　　　　　　　(c)

图 4-10　灯芯修饰组件轮廓绘制（一）

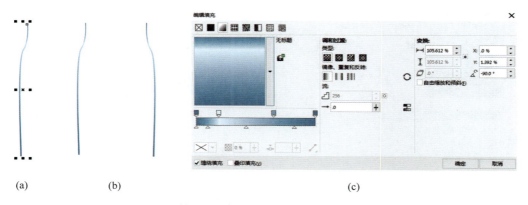

(a)　　　　(b)　　　　　　　　　　(c)

图 4-11　灯芯修饰组件轮廓填色

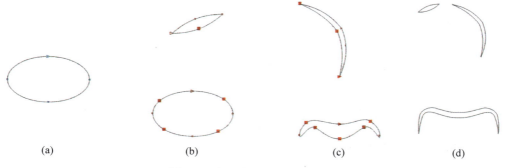

(a)　　　　　　　(b)　　　　　　　(c)　　　　　(d)

图 4-12　灯芯高光组件轮廓绘制

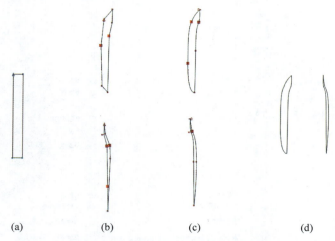

图 4-13　灯芯修饰组件轮廓绘制（二）

在工具箱中选取交互式填充工具 ，在"编辑填充"对话框中，将参数设置为如图 4-14(a)
所示，单击"确定"按钮，就得到了如图 4-14(b)所示的图形。

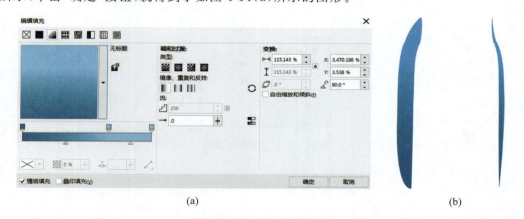

图 4-14　灯芯修饰组件填色

在工具箱中选取椭圆工具 绘制一个椭圆，如图 4-15(a)所示，并转换为曲线。使用
形状工具 通过增加或者删除节点的方法编辑成想要的形状，通过进一步编辑节点或拖
动节点上的调节杆依次编辑成如图 4-15(b)和图 4-15(c)所示的形状。在工具箱中选取
交互式填充工具 ，在"编辑填充"对话框中，将参数设置成如图 4-15(e)所示，单击"确
定"按钮，就得到了如图 4-15(d)所示的图形。将图 4-14(a)和图 4-15(d)组合成如图 4-15(f)
所示的图形，并组合在图 4-9(a)相应的位置上。

在工具箱中选取矩形工具 绘制一个矩形，如图 4-16(a)所示，并转换为曲线。使用
形状工具 通过增加或者删除节点的方法编辑成想要的形状，通过进一步编辑节点或拖
动节点上的调节杆依次编辑成图 4-16(b)、图 4-16(c)和图 4-16(d)所示的形状。

在工具箱中选取交互式填充工具 ，在"编辑填充"对话框中，将参数设置如图 4-17(a)
所示，单击"确定"按钮，就得到了如图 4-17(b)所示的图形。并组合在图 4-9(a)相应的位

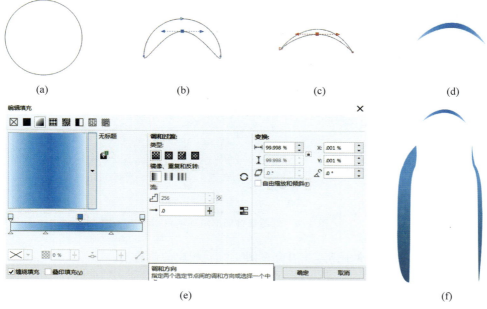

图 4-15　灯芯修饰组件轮廓绘制、填色、组合

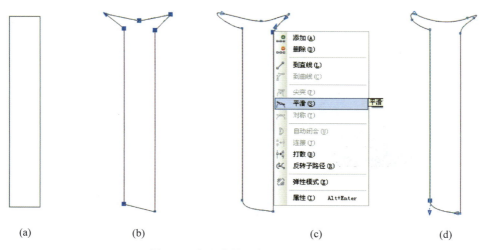

图 4-16　灯芯修饰局部组件轮廓绘制

置上。

　　在工具箱中选取椭圆工具 ⬡ 绘制一个椭圆,如图 4-18(a)所示,并转换为曲线。然后,使用形状工具 ⬡ 通过增加或者删除节点的方法编辑成想要的形状,通过进一步编辑节点或拖动节点上的调节杆依次编辑成如图 4-18(b)和图 4-18(c)所示的形状。将图 4-18(c)所示的图形复制一个,在工具属性栏中执行"垂直镜像"命令 ⬡,如图 4-18(d)所示,并将图 4-18(c)和图 4-18(d)组合,如图 4-18(e)所示。

　　在工具箱中选取交互式填充工具 ⬡,弹出"编辑填充"对话框,分别将下缺月的参数设置为如图 4-18(f)所示,将上缺月的参数设置为如图 4-18(g)所示,单击"确定"按钮,就

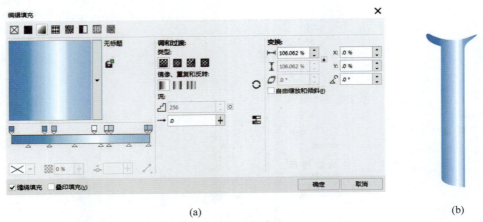

图 4-17　灯芯修饰局部组件填色

得到了如图 4-18(e)所示的图形,并组合在图 4-9(a)相应的位置上。

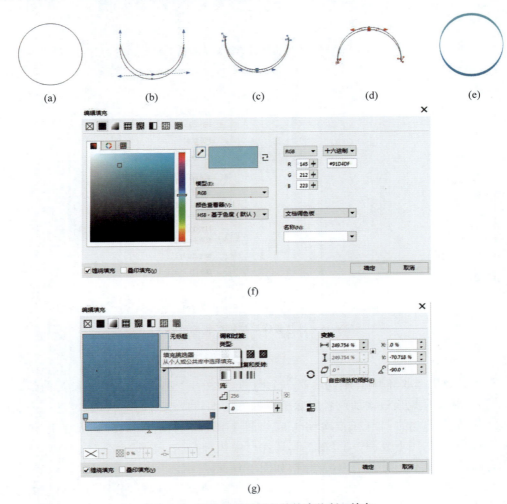

图 4-18　灯芯修饰局部组件轮廓绘制、填色

（2）绘制灯丝。用贝塞尔曲线工具 ![](绘制一条直线，切换到形状工具 ![](，添加 5 个节点，如图 4-19（a）所示。首先选择 3 个偶数节点（在选择的时候同时按下 Shift 键），用方向键向下移动节点，如图 4-19（b）所示，将图 4-19（c）所示的节点选中后，单击鼠标右键，从弹出的快捷菜单中执行"到曲线"命令。执行完成后，按 Delete 键删除选中的 3 个偶数节点，就得到了灯丝，如图 4-19（d）所示。

（a）　　　　　　（b）　　　　　　（c）　　　　　　（d）

图 4-19　灯丝局部组件轮廓绘制（一）

用贝塞尔曲线工具 ![](绘制一条直线，切换到形状工具 ![](，添加 4 个节点，如图 4-20（a）和 4-20（b）所示。单击鼠标右键，从弹出的快捷菜单中选择"平滑"命令，用调节杆绘制成如图 4-20（c）所示形状，并复制一个，在工具属性栏中选取"水平镜像"命令 ![](，将其移动到合适位置，就得到如图 4-20（d）所示的形状。

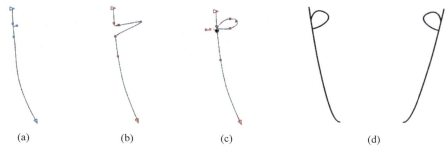

（a）　　　　　　（b）　　　　　　（c）　　　　　　（d）

图 4-20　灯丝局部组件轮廓绘制（二）

在工具箱中选取矩形工具 ![](绘制一个矩形，如图 4-21（a）所示，切换到形状工具 ![](，将四个边角圆滑度设置为 100，就可以得到如图 4-21（b）所示形状，并填充为蓝色，颜色参数设为（C:93,M:25,Y:20,K:0），如图 4-21（c）所示。

在工具箱中选取椭圆工具 ![](绘制一个椭圆，如图 4-21（d）所示。在工具箱中选取交互式填充工具 ![](，在"编辑填充"对话框中选择"渐变填充"，将渐变类型设置为"射线"；"中心位移"设置为"水平值 1、垂直值 100"；选项中的"角度"设置为 0，"边界"设置为 0；"颜色调和"设置为"自定义"，颜色可根据自己需要随意切换，当前选择"蓝色"。将渐变调色板上的小三角调到合适的位置，单击"确定"按钮后，就形成如图 4-21（e）所示图形。将图 4-21（c）和图 4-21（e）组合，并加上高光（高光的绘制方法前面已介绍），就得到如图 4-21（f）所示图形。

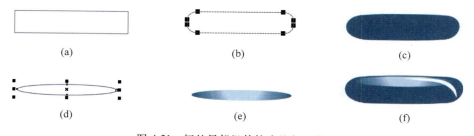

（a）　　　　　　　　　　（b）　　　　　　　　　　（c）

（d）　　　　　　　　　　（e）　　　　　　　　　　（f）

图 4-21　灯丝局部组件轮廓绘制、填色

将图 4-19(d)和图 4-20(d)组合,得到如图 4-22(a)所示图形,用绘制图 4-20(d)的方法绘制出如图 4-22(b)所示图形。将图 4-22(a)和图 4-22(b)组合,灯丝部分就做好了,如图 4-22(c)所示(在组合的时候要注意比例关系,可以配合 Shift 键进行等比例缩放)。

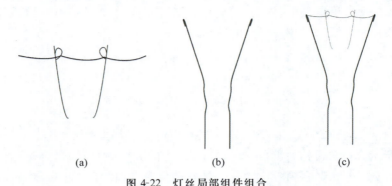

(a)　　　　　　　　(b)　　　　　　　　(c)

图 4-22　灯丝局部组件组合

在工具箱中选取矩形工具 ▢ 绘制一个矩形,如图 4-23(a)所示,并转换为曲线。切换到形状工具 ⬥ ,通过增加或者删除节点依次编辑成如图 4-23(b)所示的形状。

在工具箱中选取交互式填充工具 ◈ ,在"编辑填充"对话框中,将渐变类型设置为"线性";"选项"中的"角度"设置为 0,"边界"设置为 0;"颜色调和"设置为"自定义",颜色可根据自己需要随意切换。将渐变调色板上的小三角调到合适的位置,单击"确定"按钮后,就形成如图 4-23(c)所示图形。将图 4-21(f)和图 4-23(c)组合,就得到如图 4-23(d)所示图形。将图 4-22(c)和图 4-23(d)组合(在组合时注意比例关系)。至此,第(2)步所做形状基本上就完成了,如图 4-23(e)所示。

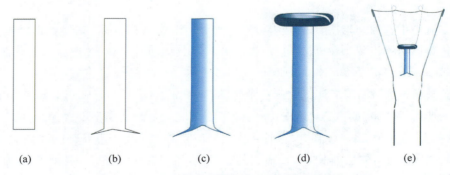

(a)　　　　(b)　　　　(c)　　　　(d)　　　　(e)

图 4-23　灯丝局部组件轮廓绘制、填色、组合

(3)灯泡绘制过程。首先在工具箱中选取椭圆工具 ◯ 绘制一个椭圆,如图 4-24(a)所示,并转换为曲线。使用形状工具 ⬥ 通过增加或者删除节点依次编辑成图 4-24(b)所示的形状,进一步调整后,得到如图 4-24(c)所示的形状。在工具箱中选取交互式填充工具 ◈ ,在"编辑填充"对话框中,将相关参数设置为如图 4-25(g)所示,单击"确定"按钮后,灯泡就绘制完成了,如图 4-24(d)所示。

在工具箱中选取矩形工具 ▢ 绘制一个矩形,如图 4-25(a)所示,并转换为曲线。使用"造型"命令中的"修剪"命令编辑成如图 4-25(b)、图 4-25(c)所示的形状。再使用形状工

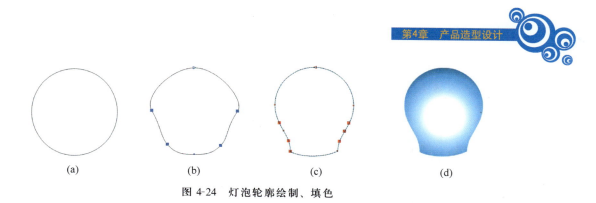

图 4-24　灯泡轮廓绘制、填色

具 通过增加或者删除节点依次编辑成图 4-25（d）所示的形状，在工具箱中选取交互式填充工具 ，在"编辑填充"对话框中，将相关参数设置为如图 4-25（h）所示，单击"确定"按钮，灯泡的下边部分就绘制完成了，如图 4-25（e）所示。将图 4-24（d）和图 4-25（e）组合，然后使用前面绘制高光的方法给灯泡绘制上高光，这样一个完整的灯泡就绘制完成了，如图 4-25（f）所示。

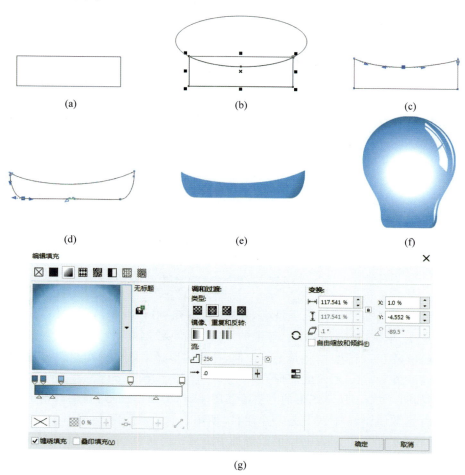

图 4-25　灯泡轮廓绘制、填色、组合

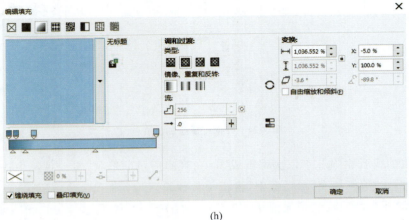

(h)

图 4-25 （续）

(4) 灯座绘制过程。在工具箱中选取矩形工具□绘制一个矩形,如图 4-26(a)所示并转换为曲线。使用形状工具通过增加或者删除节点依次编辑成如图 4-26(b)所示的形状。接着要完成图 4-26(c)所示的效果,这里有点小窍门:将图 4-26(b)向上平行移动到合适的位置,单击鼠标右键,释放后就会看到复制了一个如图 4-26(b)所示的图形,紧接着按 Ctrl+D 组合键,就会出现如图 4-26(c)所示的效果,这样复制的效果既保证了与原图的平行,还保证了被复制的每一个图形之间的间距是相等的,特别是当复制的量多的时候会经常使用。此项操作可以帮设计师完成很多效果,应该熟练掌握。

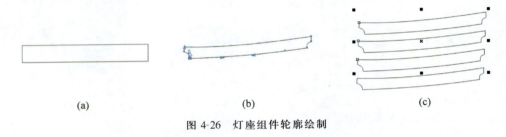

(a)   (b)   (c)

图 4-26 灯座组件轮廓绘制

在工具箱中选取交互式填充工具,在"编辑填充"对话框中,将相关参数设置为如图 4-27(g)所示,单击"确定"按钮后,灯泡的下边部分就绘制好了,如图 4-27(a)所示。选中图 4-27(a)中最上一个组件,将其上下拉伸,并使用形状工具稍作调整,如图 4-27(b)所示,就得到了图 4-27(c)所示的图形。

用绘制如图 4-26(c)所示图形的方法绘制图 4-27(d)所示图形,在工具箱中选取挑选工具 Logo 并选取图 4-26(c)中任意一个组件,使用形状工具调整成图 4-27(d)最上一个组件的形状,分别将图 4-27(d)中的图形选中后填充为灰色,在工具箱中选取交互式填充工具,在"编辑填充"对话框中,相关参数设置如图 4-27(h)所示。单击"确定"按钮后,灯泡下边部分的装饰效果就绘制好了,如图 4-27(d)所示。将图 4-27(d)和图 4-27(e)组合,就得到了如图 4-27(f)所示的图形。在组合的时候将图 4-27(d)所示图形放在图 4-27(e)的下面,方法是将图 4-27(d)中的图形选中,执行"顺序"→"向后一层"命令。

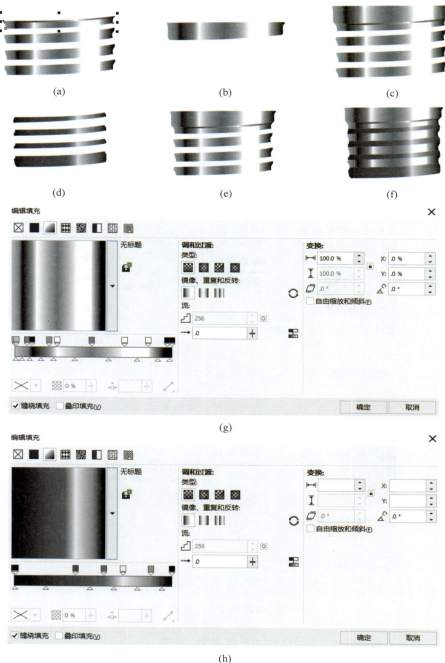

图 4-27 灯座组件轮廓绘制、填色

分别按图 4-28(a)、图 4-28(b)和图 4-28(c)绘制成各自的形状,将其组成图 4-28(d)所示的形状,这样就将第(4)步轻松完成了。具体的方法是:在工具箱中选取椭圆工具 ⬭ 绘制一个椭圆,并转换为曲线。用形状工具 ⬩ 通过增加或者删除节点依次编辑成图 4-28(a)、图 4-28(b)和图 4-28(c)所示的形状。

在工具箱中选取椭圆工具 ◯ 绘制一个椭圆并填充为灰色,颜色参数设置为灰色(参数为 C:93、M:25、Y:20、K:5),如图 4-28(a)所示;在工具箱中选取交互式填充工具 ◈,在"编辑填充"对话框中,相关参数设置如图 4-28(e)所示,单击"确定"按钮后,得到如图 4-28(a)所示图形。

在"编辑填充"对话框中,相关参数设置如图 4-28(f)所示,单击"确定"按钮后,图形如图 4-28(c)所示。将图 4-28(a)、图 4-28(b)和图 4-28(c)按适当的比例组合,效果如图 4-28(d)所示。

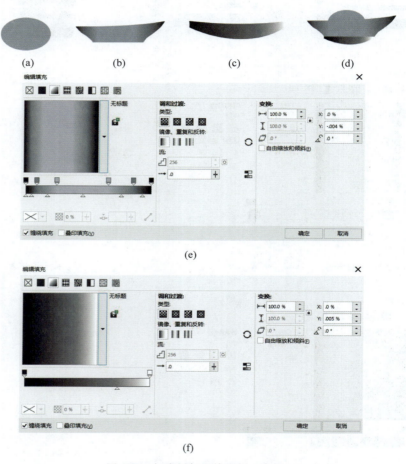

图 4-28 灯座局部组件绘制、填色

将图 4-27(f)和图 4-29(a)按适当的比例组合,如图 4-29(b)所示。这样,灯泡的灯座就制作好了。

图 4-29 灯座局部组件组合

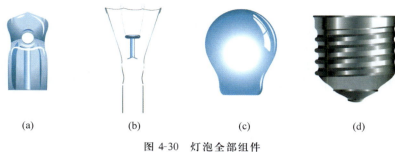

(a)　　　　　　　(b)　　　　　　　(c)　　　　　　　(d)

图 4-30　灯泡全部组件

　　将图 4-30(a)、图 4-30(b)、图 4-30(c)和图 4-30(d)按不同的比例组合,如图 4-31 所示,这样,一个彩色灯泡就完全制作好了。其他颜色的灯泡只要按制作蓝色灯泡的方法更换颜色就可以了。

图 4-31　灯泡最终组合效果

4.2　案例二:耳机造型设计

图 4-32　耳机造型设计

4.2.1　耳机造型设计使用工具及其设计主题组件

1. 主要使用的工具及菜单命令

(1) 主要使用的工具有：挑选工具、形状工具、椭圆工具、矩形工具、投影工具、垂直镜像工具、组合对象工具、取消组合对象工具、交互式填充工具(均匀填充、渐变填充)、交互式轮廓工具等。

(2) 主要使用的菜单命令有：

① "对象"→"转换为曲线"。

② "对象"→"组合对象"。

③ "对象"→"取消组合对象"。

④ "对象"→"顺序"。"顺序"命令又包括：

- 到页前面、到页后面；
- 到图层前面、到图层后面、向前一层、向后一层；
- 置于此对象前、置于此对象后。

2. 设计主题组件分析

耳机造型设计主题主要组件由连卡部分、听筒部分组成。

4.2.2　耳机造型设计过程

(1) 耳机连卡部分绘制。在工具箱中选取矩形工具▢绘制一个矩形，如图4-33(a)所示，并转换为曲线。使用形状工具🖉通过拖动节点或增加、删除节点的方法依次编辑成图4-33(b)、图4-33(c)所示的形状。将图4-33(c)所示形状复制一个，稍作调整后如图4-33(d)所示。至此，第(1)步所绘制的形状基本完成了。

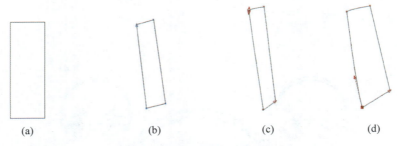

(a)　　　　　　　(b)　　　　　　　(c)　　　　　　　(d)

图4-33　耳机连卡局部轮廓绘制（一）

分别将如图4-33(c)和图4-33(d)所示图形填充为灰色渐变。在工具箱中选取交互式填充工具◈，在"编辑填充"对话框中，将相关参数设置成如图4-34(d)所示，单击"确定"按钮后，图形如图4-34(a)所示。

在工具箱中选取交互式填充工具◈，在"编辑填充"对话框中，将相关参数设置成如图4-34(e)所示，单击"确定"按钮后，图形如图4-34(b)所示。

将绘制好的图4-34(a)和图4-34(b)组合(组合的时候一定要配合键盘Shift键等比

例缩放)成如图 4-34(c)所示的样子。

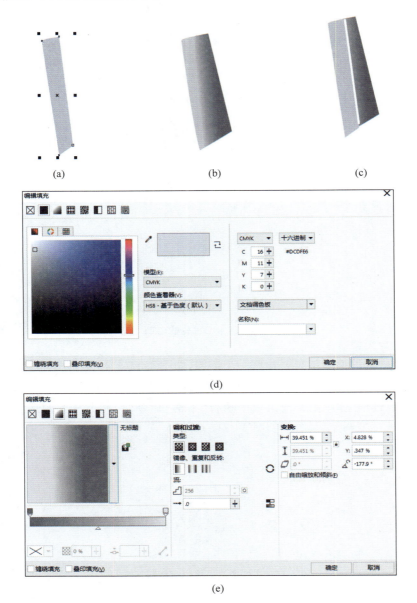

(a)　　　　　　　　　(b)　　　　　　　　　(c)

(d)

(e)

图 4-34　耳机连卡局部轮廓填色

　　在工具箱中选取椭圆工具 绘制一个椭圆,如图 4-35(a)所示,并转换为曲线。使用形状工具 通过增加或者删除节点的方法编辑成想要的形状,这里需要在几个决定形状的地方增加 3 个节点,如图 4-35(b)所示,通过进一步编辑节点或拖动节点上的调节杆依次编辑成图 4-35(c)和图 4-35(d)所示的形状。

　　在工具箱中选取椭圆工具 绘制一个椭圆,如图 4-36(a)所示,并转换为曲线。使用形状工具 通过增加或者删除节点依次编辑成如图 4-36(b)所示的形状。单击鼠标右键,在弹出的快捷菜单中执行"平滑"命令,用调节杆绘制成如图 4-36(b)所示的样子,然

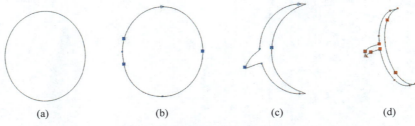

(a)　　　　　　　(b)　　　　　　　(c)　　　　　　　(d)

图 4-35　耳机连卡局部轮廓绘制（二）

后获得想要的形状如图 4-36(c)所示。

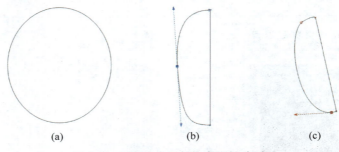

(a)　　　　　　　(b)　　　　　　　(c)

图 4-36　耳机连卡局部轮廓绘制（三）

在工具箱中选取椭圆工具◯绘制一个椭圆,如图 4-37(a)所示,并转换为曲线。使用形状工具通过增加或者删除节点依次编辑成如图 4-37(b)所示的形状。在调整形状时,单击鼠标右键,在弹出的快捷菜单中执行"平滑"命令,用调节杆绘制成如图 4-37(c)所示的样子,进一步调整后,图形如图 4-37(d)所示。

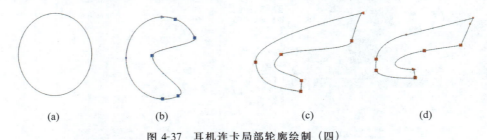

(a)　　　　　　　(b)　　　　　　　(c)　　　　　　　(d)

图 4-37　耳机连卡局部轮廓绘制（四）

将绘制好的图 4-37(d)、图 4-35(d)、图 4-36(c)分别使用填充工具,填充为渐变色。在工具箱中选取交互式填充工具,在"编辑填充"对话框中,将相关参数设置成如图 4-38(e)所示,单击"确定"按钮后,图形如图 4-38(a)所示。

在工具箱中选取交互式填充工具,在"编辑填充"对话框中,将相关参数设置成如图 4-38(f)所示,单击"确定"按钮后,图形如图 4-38(b)所示。

在工具箱中选取交互式填充工具,在"编辑填充"对话框中,将相关参数设置成如图 4-38(g)所示,单击"确定"按钮后,图形如图 4-38(c)所示。

将绘制好的图 4-34(c)、图 4-38(a)、图 4-38(b)、图 4-38(c)组合(组合的时候一定要

配合 Shift 键等比例缩放),按一定的比例放在相应的位置,这样,第(1)步的耳机连卡部分就制作完成了,如图 4-38(d)所示。

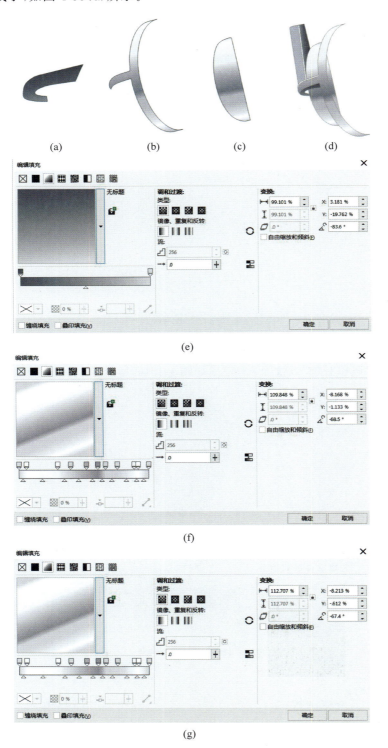

图 4-38　耳机连卡局部填色、组合

（2）耳机听筒部分绘制。在工具箱中选取椭圆工具 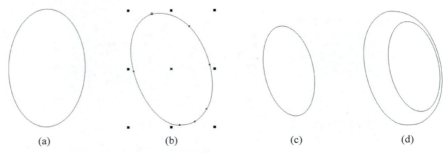绘制一个椭圆，如图 4-39（a）所示，将其旋转 5.6°，如图 4-39（b）所示。再复制一个，配合 Shift 键等比例缩小到如图 4-39（c）所示大小，最后，将图 4-39（b）、图 4-39（c）组合成图 4-39（d）所示的样子。

把图 4-39（d）中下面的椭圆填充为灰度渐变，在工具箱中选取交互式填充工具 ，在"编辑填充"对话框中，将相关参数设置成如图 4-40（d）所示，单击"确定"按钮后，图形如图 4-40（a）所示。

把图 4-39（d）中上面的椭圆填充为灰度渐变，在工具箱中选取交互式填充工具 ，在"编辑填充"对话框中，将相关参数设置成如图 4-40（e）所示，单击"确定"按钮后，图形如图 4-40（a）所示。

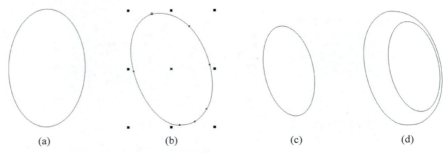

| (a) | (b) | (c) | (d) |

图 4-39　耳机听筒局部轮廓绘制（一）

在工具箱中选取调和工具 ，将图 4-40（a）的两个组件调和，如图 4-40（b）所示，在工具属性栏中将"调和对象"设置为 46，效果如图 4-40（c）所示。

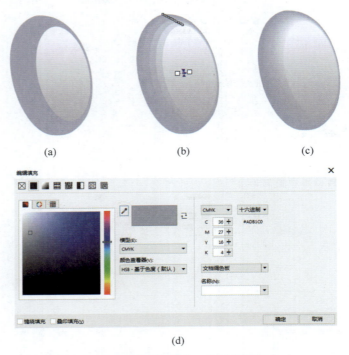

(a)　　　　　　(b)　　　　　　(c)

(d)

图 4-40　耳机听筒局部填色、交互式调和（一）

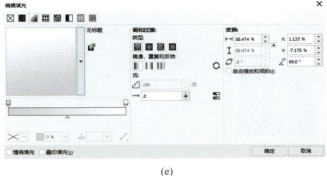

(e)

图 4-40　（续）

把图 4-41(b)中下面的椭圆填充为灰度渐变,在工具箱中选取椭圆工具  绘制一个椭圆,如图 4-41(a)所示,将其旋转 5.6°再复制一个,配合键盘 Shift 键等比例缩放到图 4-41(a)中的椭圆上,将其错位组合成图 4-41(b)所示的样子。

把图 4-41(b)中上面的椭圆填充为灰度渐变,在工具箱中选取交互式填充工具 ,在"编辑填充"对话框中,将相关参数设置成如图 4-41(e)所示,单击"确定"按钮后,图形如图 4-41(c)所示。

在工具箱中选取交互式填充工具 ,在"编辑填充"对话框中,将相关参数设置成如图 4-41(f)所示,单击"确定"按钮后,图形如图 4-41(c)所示。

在工具箱中选取调和工具 ,将图 4-41(c)的两个组件调和,在工具属性栏中将"调和对象"设置为 46,如图 4-41(d)所示。

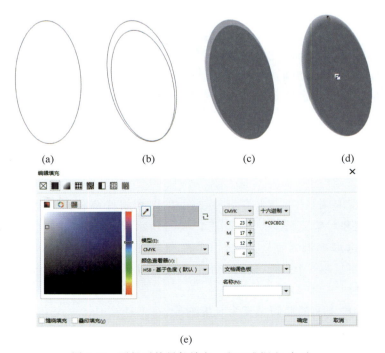

(a)　　　　　　(b)　　　　　　(c)　　　　　　(d)

(e)

图 4-41　耳机听筒局部填色、交互式调和（二）

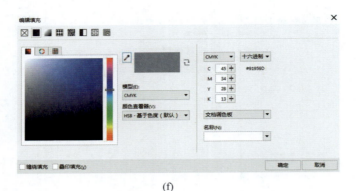

(f)

图 4-41　(续)

在工具箱中选取椭圆工具 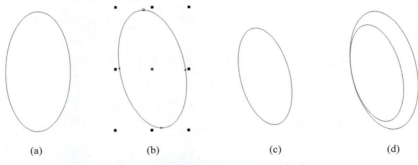 绘制一个椭圆,如图 4-42(a)所示,将其旋转 5.6°,如图 4-42(b)所示。再复制一个,配合键盘 Shift 键等比例缩小,如图 4-42(c)所示。将图 4-42(b)、图 4-42(c)组合成图 4-42(d)所示的样子。

(a)　　　　　　　　(b)　　　　　　　　(c)　　　　　　　　(d)

图 4-42　耳机听筒局部轮廓绘制(二)

把图 4-42(d)中下面的椭圆填充为灰度渐变,在工具箱中选取交互式填充工具 ,在"编辑填充"对话框中,将相关参数设置成如图 4-43(d)所示,单击"确定"按钮后,图形如图 4-43(a)所示。

把图 4-42(d)中上面的椭圆填充为灰度渐变,在工具箱中选取交互式填充工具 ,在"编辑填充"对话框中,将相关参数设置成如图 4-43(e)所示,单击"确定"按钮后,图形如图 4-43(a)所示。

在工具箱中选取调和工具 ,将图 4-43(a)的两个组件调和如图 4-43(b)所示,在工具属性栏中将"调和对象"设置为 46,如图 4-43(c)所示。

在工具箱中选取椭圆工具 绘制一个椭圆,如图 4-44(a)所示,将其旋转 5.6°,如图 4-44(b)所示。再复制一个椭圆,按住 Shift 键等比例缩小,如图 4-44(c)所示。将图 4-44(b)、图 4-44(c)组合成图 4-44(d)所示的样子。

把图 4-44(d)中下面的椭圆填充为灰度渐变,在工具箱中选取交互式填充工具 ,在"编辑填充"对话框中,将相关参数设置为如图 4-45(d)所示,单击"确定"按钮后,图形如图 4-45(a)所示。

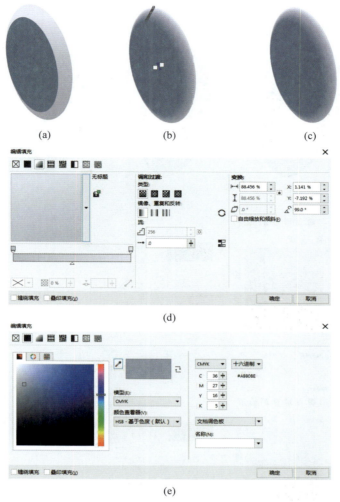

图 4-43　耳机听筒局部填色、交互式调和（三）

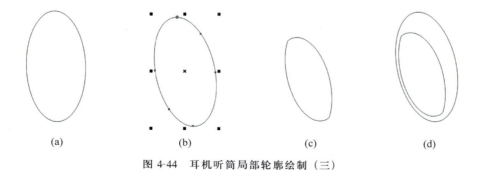

图 4-44　耳机听筒局部轮廓绘制（三）

　　把图 4-44(d) 上面的椭圆填充为灰度渐变，在工具箱中选取交互式填充工具，在"编辑填充"对话框中，将相关参数设置为如图 4-45(e) 所示，单击"确定"按钮后，图形如图 4-45(a) 所示。

在工具箱中选取调和工具，将图4-45（a）的两个组件调和如图4-45（b）所示，在工具属性栏中将"调和对象"设置为46，如图4-45（c）所示。

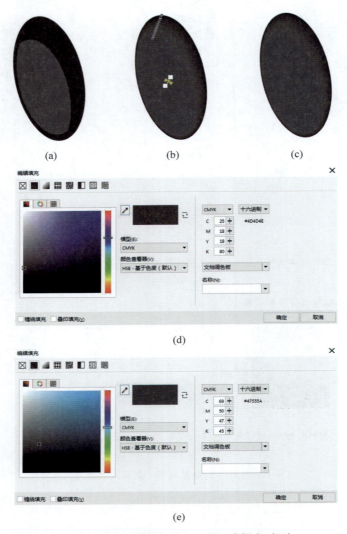

图 4-45　耳机听筒局部填色、交互式调和（四）

将图4-46（a）、图4-46（b）、图4-46（c）和图4-46（d）按一定的比例组合，放在相应的位置（组合时要配合Shift键等比例缩放），这样，耳机听筒就基本上制作完成了，如图4-46（e）所示。

在工具箱中选取椭圆工具绘制一个椭圆，如图4-47（a）所示，复制3个并排列为一组，然后复制一组，在工具属性栏中选取"垂直镜像"命令，就得到了如图4-47（b）所示图形。

在工具箱中选取交互式填充工具，在"编辑填充"对话框中，将相关参数设置成如图4-47（f）所示，单击"确定"按钮后，图形如图4-47（c）所示。

将图4-47（c）复制一组，在工具箱中选取交互式填充工具，在"编辑填充"对话框

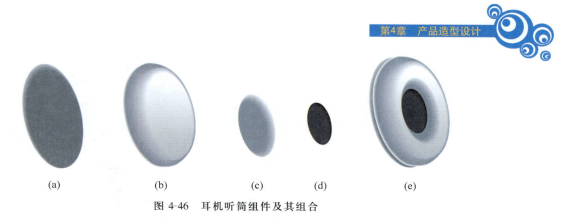

(a)　　　　(b)　　　　(c)　　　(d)　　　　(e)

图 4-46　耳机听筒组件及其组合

中,将相关参数设置成如图 4-47(g)所示,单击"确定"按钮后,图形如图 4-47(d)所示。

将图 4-47(c)和图 4-47(d)错位重叠,这样就会出现一个投影的效果,增加其立体感,如图 4-47(e)所示。

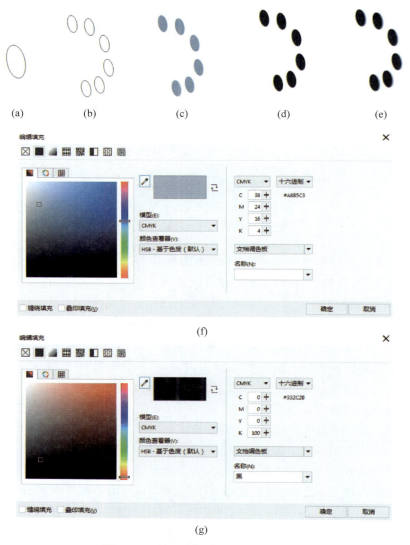

(a)　　　　(b)　　　　　(c)　　　　　(d)　　　　　(e)

(f)

(g)

图 4-47　耳机听筒局部修饰绘制、填色

将听筒的柄[见图 4-48(a)]和里边的装饰[见图 4-48(b)]与图 4-46(e)所示图形按一定的比例组合,放在相应的位置(组合时要配合 Shift 键等比例缩放),这样,一个完整的耳机听筒就制作完成了,如图 4-48(c)所示。

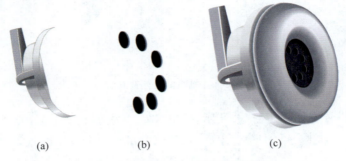

(a)   (b)   (c)

图 4-48　耳机连卡、听筒组合效果

在工具箱中选取椭圆工具 绘制一个椭圆,如图 4-49(a)所示,并转换为曲线。使用形状工具 通过增加或者删除节点依次编辑成图 4-49(b)所示的形状。单击鼠标右键,从弹出的快捷菜单中选择"平滑"命令,用调节杆绘制成如图 4-49(c)所示样子。

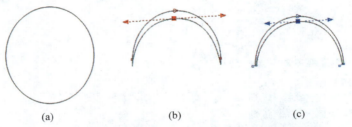

(a)   (b)   (c)

图 4-49　耳机听筒局部轮廓绘制(四)

通过进一步调整后得到如图 4-50(a)所示的形状,在工具箱中选取交互式填充工具 ,在"编辑填充"对话框中,将相关参数设置成如图 4-50(d)所示,单击"确定"按钮后,得到如图 4-50(b)所示图形。

将图 4-50(b)复制一个,在工具箱中选取交互式填充工具 ,在"编辑填充"对话框中,将相关参数设置成如图 4-50(e)所示,单击"确定"按钮后,得到如图 4-50(c)所示图形。将其组合成如图 4-50(f)所示形状。获得图 4-50(g)的方法和图 4-50(f)的方法一样,将图 4-50(f)和图 4-50(g)错位组合,耳机的连卡部分就绘制完成了,如图 4-50(h)所示。

将图 4-51(a)全部选中,执行"组合对象"命令,如图 4-51(e)所示。在工具箱中选取"阴影"工具,如图 4-51(f)所示,拖动小方块,拖动的幅度决定阴影的跨度,可根据自己的需要调节,如图 4-51(b)所示。阴影的颜色也可根据自己的需要调节,具体的方法如下:在工具属性栏中选取"阴影颜色"命令,如图 4-51(g)所示,这里选用浅蓝色。

"阴影"命令执行完毕之后,将其复制一个[见图 4.51(b)],在工具属性栏中选取"水平镜像"命令 ,如图 4-51(c)所示。然后把图 4-50(h)和图 4-51(c)组合,一个漂亮的耳机就制作好了,如图 4-51(d)所示。其他颜色可根据自己的喜好去设计。

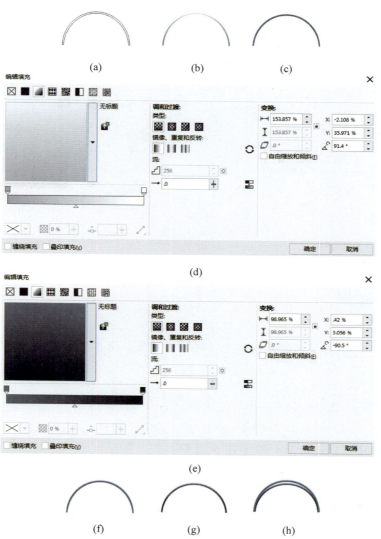

图 4-50　耳机听筒局部轮廓绘制、填色、组合

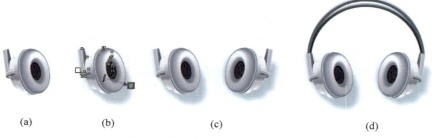

图 4-51　耳机各组件组合、添加投影

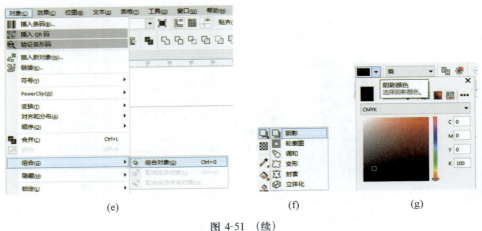

(e) (f) (g)

图 4-51 （续）

4.3 自学案例

掌握以上产品造型设计的方法，可以解决不同类型、不同造型、不同图形的产品效果图设计。

4.3.1 数码产品造型设计

数码产品造型设计如图 4-52 和图 4-53 所示。

图 4-52 数码产品造型设计 （一）

图 4-53 数码产品造型设计（二）

4.3.2 眼镜造型设计

眼镜造型设计效果如图 4-54 所示。

图 4-54 眼镜造型设计效果

小结：本章实例重点掌握"造型"命令和"渐变填充""调和"工具，这些也是 CorelDRAW X8 中常用的命令和工具。"造型"命令可以帮助设计师得到很多图形，除"修剪"命令外，它还包括"焊接""简化""相交"等命令，设计师可根据自己想要的形状选择不同的命令。"渐变填充"工具可以帮助设计师绘制出很多绚丽的渐变特效。通过本章的实例学习，前面两章学习的"形状"工具和"转换为曲线"命令等一些常规性的命令会得到进一步的强化，使之成为读者熟悉的操作的技能。通过分解一个设计产品的组件，分别绘制就可以得到设计师想要的任何产品外观造型。

将灯泡和耳机制作所使用的工具和命令以及一些技巧和方法延伸到其他产品的外观造型设计制作中，读者可以通过产品的外观造型设计，反复使用重点掌握的常用工具和命令，进而达到熟练掌握软件的目的。

第 5 章　插画设计

5.1　案例一：精美插图设计(春曲)

精美插图(春曲)设计效果如图 5-1 所示。

图 5-1　插图（春曲）设计效果

5.1.1　插图设计使用工具及其设计主题组件

1. 主要使用的工具及菜单命令

(1) 主要使用的工具有：挑选工具、形状工具、椭圆工具、矩形工具、变形工具、水平镜像工具、交互式填充工具(均匀填充)等。

(2) 主要使用的菜单命令有：

① "对象"→"转换为曲线"。

② "对象"→"组合对象"。

③ "对象"→"取消组合对象"。

④ "对象"→"顺序"。"顺序"命令又包括：

- 到页前面、到页后面；
- 到图层前面、到图层后面、向前一层、向后一层；

- 置于此对象前、置于此对象后。

2. 设计主题组件分析

精美插图设计主题主要组件由树叶部分、树枝部分、树干部分组成。

5.1.2 插图设计制作过程

(1) 树叶部分。

绘制叶脉形状。在工具箱中选取矩形工具 ▯ 绘制一个矩形,如图 5-2(a)所示,并转换为曲线。使用形状工具 ▸ 通过拖动节点或增加、删除节点的方法依次分别编辑成图 5-2(b)、图 5-2(c)和图 5-2(d)所示的形状。至此,第(1)步所绘制的形状基本完成了。

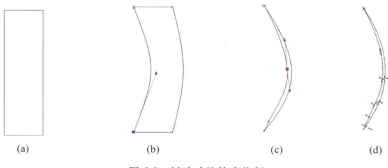

(a)　　　　　　　　(b)　　　　　　　　(c)　　　　　　　　(d)

图 5-2　树叶叶脉轮廓绘制

有了这个形状,就可以去做叶脉了,添加 3 个节点为一组,分别将节点编辑成图 5-3(a)所示,进一步调整后,就获得了想要的形状,如图 5-3(b)所示。

在工具箱中选取交互式填充工具 ◈,弹出"编辑填充"对话框,具体参数设置如图 5-3(d)所示,单击"确定"按钮后,效果如图 5-3(c)所示。

绘制树叶形状。在工具箱中选取椭圆工具 ⬭ 绘制一个椭圆,如图 5-4(a)所示,并转换为曲线。使用形状工具 ▸ 通过增加或者删除节点依次编辑成如图 5-4(b)和图 5-4(c)所示的形状,进一步修改后就会得到图 5-4(d)所示形状,树叶的一半就绘制好了。

使用绘制图 5-4(d)的方法,绘制图 5-4(e)的右边部分,这样,树叶就绘制好了,如图 5-4(f)所示。再绘制两滴露珠,如图 5-4(g)所示。给树叶添色,在工具箱中选取交互式填充工具 ◈,弹出"编辑填充"对话框,将树叶左边的相关参数设置如图 5-4(i)所示,单击"确定"按钮,树叶左边部分如图 5-4(h)左边所示。

在工具箱中选取交互式填充工具 ◈,在"编辑填充"对话框中,将树叶右边的相关参数设置成如图 5-4(j)所示,单击"确定"按钮,树叶右边部分如图 5-4(h)右边所示。

将如图 5-5(a)所示的叶脉和如图 5-5(b)所示的树叶组合在一起,就得到了一片完整的树叶,如图 5-5(c)所示。要得到图 5-5(d)所示的图形就非常容易了,只需将图 5-5(c)复制一个,在工具属性栏中选取"水平镜像"命令 ▥,如图 5-5(d)所示。在工具箱中选取交互式填充工具 ◈,在"编辑填充"对话框中,将树叶的上边部分相关参数设置成如图 5-4(e)所示,单击"确定"按钮;树叶的下边部分具体的参数设置如图 5-5(f)所示,单击"确定"按

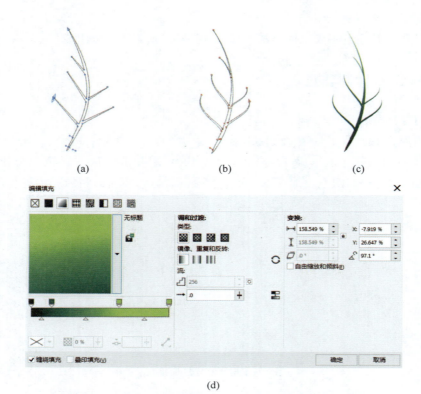

(a)　　　　　　　　　　(b)　　　　　　　　　　(c)

(d)

图 5-3　树叶的叶脉轮廓绘制、填色

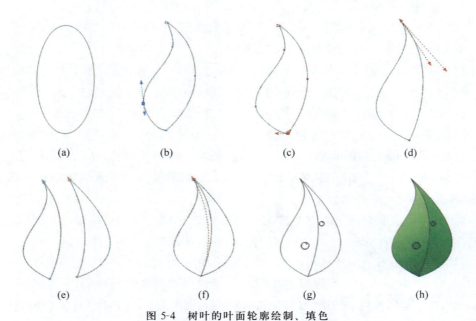

(a)　　　　　(b)　　　　　(c)　　　　　(d)

(e)　　　　　(f)　　　　　(g)　　　　　(h)

图 5-4　树叶的叶面轮廓绘制、填色

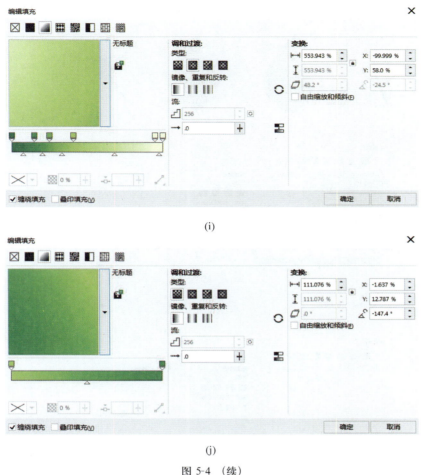

(i)

(j)

图 5-4　（续）

钮。完成后效果如图 5-5(d)所示。

（2）树干部分。

在工具箱中选取矩形工具▢绘制一个矩形，如图 5-6(a)所示，并转换为曲线。使用形状工具▷通过拖动节点或增加、删除节点的方法依次分别编辑成如图 5-6(b)所示的图形。单击鼠标右键，从弹出的快捷菜单中选择"到曲线"命令，执行完毕后，按 Delete 键删除选中的图 5-6(b)所示节点，就得到了图 5-6(c)所示图形。编辑成如图 5-6(d)所示图形，将图 5-6(d)复制 4 次，分别编辑成如图 5-6(e)、图 5-6(f)、图 5-6(g)和图 5-6(h)所示图形，将图 5-6(d)～图 5-6(h)组合，就得到了如图 5-6(i)所示图形。

在工具箱中选取矩形工具▢绘制一个矩形，如图 5-7(a)所示，并转换为曲线。然后，使用形状工具▷通过拖动节点或增加、删除节点的方法依次分别编辑成如图 5-7(b)和图 5-7(c)所示的形状。选中如图 5-7(b)和图 5-7(c)所示相关的节点，单击鼠标右键，从弹出的快捷菜单中选择"到曲线"命令，执行完毕后，按 Delete 键删除选中图 5-7(c)节点，就得到了如图 5-7(d)所示图形。将图 5-7(d)复制 4 次，分别编辑成如图 5-7(e)、图 5-7(f)、图 5-7(g)和图 5-7(h)所示图形，将图 5-7(d)～图 5-7(h)组合，就得到了如图 5-7(i)所示图形。

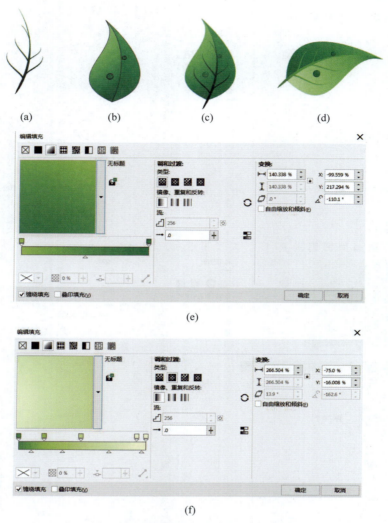

图 5-5　树叶的叶脉和叶面填色、修饰、组合

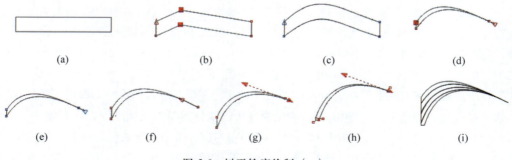

图 5-6　树干轮廓绘制（一）

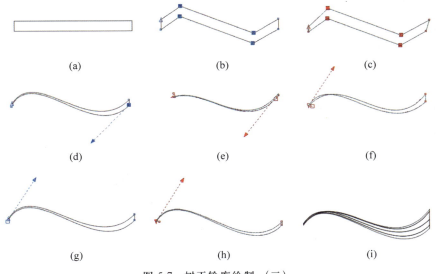

(a)   (b)   (c)

(d)   (e)   (f)

(g)   (h)   (i)

图 5-7　树干轮廓绘制（二）

　　将图 5-6(i)和图 5-7(i)组合，树干轮廓就绘制好了，如图 5-8(a)所示，按照下面的参数填上相关的颜色并组合，如图 5-8(b)所示。

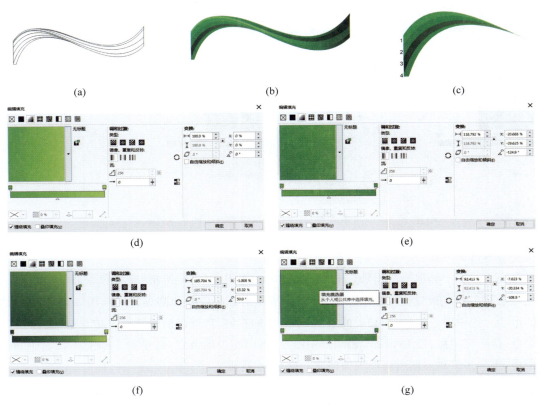

(a)   (b)   (c)

(d)   (e)

(f)   (g)

图 5-8　树干各层次填色（一）

　　执行相关的颜色参数。在工具箱中选取交互式填充工具 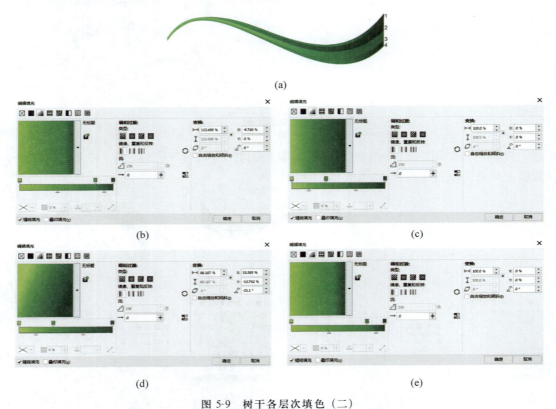，在"编辑填充"对话框中，将图 5-8(c)中"1"的参数设置成如图 5-8(d)所示；将图 5-8(c)中"2"的参数设置成如图 5-8(e)所示；将图 5-8(c)中"3"的参数设置成如图 5-8(f)所示；将图 5-8(c)中"4"的参数设置成如图 5-8(g)所示。完成后单击"确定"按钮。

　　执行相关的颜色参数。在工具箱中选取交互式填充工具 ，在"编辑填充"对话框中，将图 5-9(a)中"1"的参数设置成如图 5-9(b)所示；将图 5-9(a)中"2"的参数设置成如图 5-9(c)所示；将图 5-9(a)中"3"的参数设置成如图 5-9(d)所示；将图 5-9(a)中"4"的参数设置成如图 5-9(e)所示。完成后，单击"确定"按钮。

图 5-9　树干各层次填色（二）

　　（3）树枝部分。

　　在工具箱中选取矩形工具 绘制一个矩形，如图 5-10(a)所示，并转换为曲线。然后，使用形状工具 通过拖动节点或增加、删除节点的方法依次分别编辑成如图 5-10(b)所示的形状。选中图 5-10(b)中相关的节点，单击鼠标右键，从弹出的快捷菜单中选择"到曲线"命令，执行完毕后，按 Delete 键删除选中图 5-10(b)相关的节点，就得到了如图 5-10(c)所示图形，进一步编辑后就可以得到如图 5-10(d)所示图形。

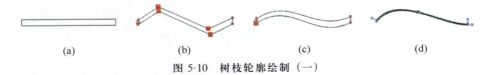

(a)　　　　　　　(b)　　　　　　　(c)　　　　　　　(d)

图 5-10　树枝轮廓绘制（一）

在工具箱中选取矩形工具▢绘制一个矩形,如图 5-11(a)所示,并转换为曲线。使用形状工具🖉通过拖动节点或增加、删除节点的方法依次编辑成如图 5-11(b)所示的形状。选中图 5-11(b)相关的节点,在工具箱中选取变形工具🖸,在工具属性栏中选取"扭曲变形"命令🖾,设置"完整旋转"为 2,"附加度数"为 41°,就得到如图 5-11(c)所示图形。单击鼠标右键,从弹出的快捷菜单中选择"到曲线"命令,进一步编辑后就可以得到如图 5-11(d)、图 5-11(e)所示图形。

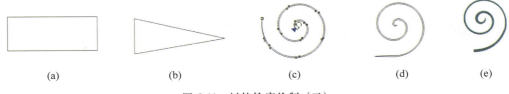

(a)   (b)   (c)   (d)   (e)

图 5-11 树枝轮廓绘制(二)

将图 5-12(a)、图 5-12(b)组合,树枝的基本型就绘制好了,如图 5-12(c)所示,有了这个基本型,就可以轻松地编辑所需要的图形,如图 5-12(d)、图 5-12(e)所示。

在工具箱中选取交互式填充工具◈,在"编辑填充"对话框中,相关参数设置成如图 5-12(f)所示,完成后单击"确定"按钮。

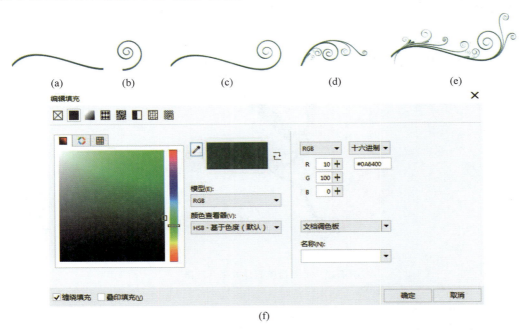

(a)   (b)   (c)   (d)   (e)

(f)

图 5-12 树枝各造型组合、填色

(4) 组合。

将图 5-13(a)、图 5-13(b)和图 5-13(c)组合,得到如图 5-13(d)所示图形。把绘制好的树叶(见图 5-13(e))有序地排列在图 5-13(f)上(复制树叶可采用拖动单击右键的方法),至此,一幅精美的"春曲"插图就绘制好了,如图 5-13(g)所示。

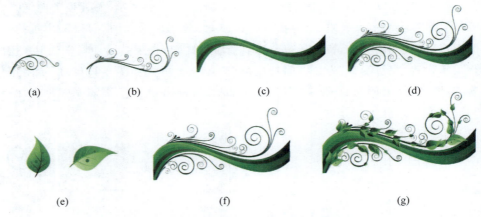

(a)　　　　　　(b)　　　　　　　(c)　　　　　　　(d)

(e)　　　　　　　　(f)　　　　　　　　(g)

图 5-13　树枝、树干、树叶各造型组合

5.2　案例二：精美插图设计(旋律)

精美插图(旋律)设计效果如图 5-14 所示。

图 5-14　精美插图设计效果（旋律）

5.2.1　插图设计使用工具及其设计主题组件

1. 主要使用的工具及菜单命令

（1）主要使用的工具有：挑选工具、形状工具、矩形工具、手绘工具、轮廓工具、变形工具、调和工具、交互式填充工具(均匀填充、渐变填充)、扭曲变形工具、轮廓笔工具、轮廓颜色工具。

（2）主要使用的菜单命令有：

① "对象"→"转换为曲线"。

② "对象"→"组合对象"。

③ "对象"→"取消组合对象"。

④ "对象"→"造型"。

⑤ "对象"→"顺序"。"顺序"命令又包括：

• 到页前面、到页后面；

• 到图层前面、到图层后面、向前一层、向后一层；

• 置于此对象前、置于此对象后。

2. 设计主题组件分析

精美插图设计主题主要组件由吉他主体部分、琴弦部分、螺旋线部分组成。

5.2.2　插图设计制作过程

（1）在工具箱中选取椭圆工具 ⊙ 绘制一个椭圆，如图 5-15（a）所示，并转换为曲线。使用形状工具 ⟡ 通过增加或者删除节点依次编辑成图 5-15（b）所示的形状，进一步编辑后就得到如图 5-15（c）所示形状。

在工具箱中选取交互式填充工具 ◈，在"编辑填充"对话框中，将相关参数设置成如图 5-15（i）所示，单击"确定"按钮后，得到如图 5-15（d）所示图形。

在工具箱中选取矩形工具 ▢ 绘制一个矩形，同时旋转 42°，如图 5-15（e）所示。将图 5-15（c）所示图形复制一个，并与图 5-15（e）所示图形组合，如图 5-15（f）所示。执行"对象"→"造型"命令，弹出"造型"泊坞窗口，如图 5-15（k）所示。选择"修剪"，将图 5-15（f）需要修剪的部分去掉，单击"修剪"按钮，并填充颜色。用相同的方法平移到图 5-15（g）中，想要的形状就绘制完成了。在工具箱中选取交互式填充工具 ◈，在"编辑填充"对话框中，将相关参数设置成如图 5-15（j）所示，单击"确定"按钮后，得到如图 5-15（h）所示图形。

将图 5-15（h）所示图形复制一个，如图 5-16（a）所示，并转换为曲线。然后，使用形状工具 ⟡ 通过增加或者删除节点依次编辑成如图 5-16（b）所示的形状，进一步编辑后就得到了图 5-16（c）所示图形。在工具箱中选取交互式填充工具 ◈，在"编辑填充"对话框中，将相关参数设置成如图 5-16（e）所示，单击"确定"按钮后，效果如图 5-16（d）所示。

在工具箱中选取椭圆工具 ⊙ 绘制一个椭圆，如图 5-17（a）所示，并转换为曲线。使用形状工具 ⟡ 通过增加或者删除节点依次编辑成如图 5-17（b）所示的形状，将图 5-17（b）所示图形复制一个并等比例放大，就得到如图 5-17（c）所示形状。将图 5-17（b）和图 5-17（c）组合，如图 5-18（a）所示。

在工具箱中选取交互式填充工具 ◈ 中的"均匀填充"，分别填充为白色和粉红色，完成后单击"确定"按钮，如图 5-18（b）所示。

在工具箱中选取调和工具 ◈，将被选中的一个对象拖到另一个对象，同时在工具属性栏设置"步长"参数为 50。步长的参数决定两种颜色之间的过渡层次，参数越大过渡的层次越多，过渡就越自然，可以根据自己的需要进行调整，这样就得到了图 5-18（c）所示

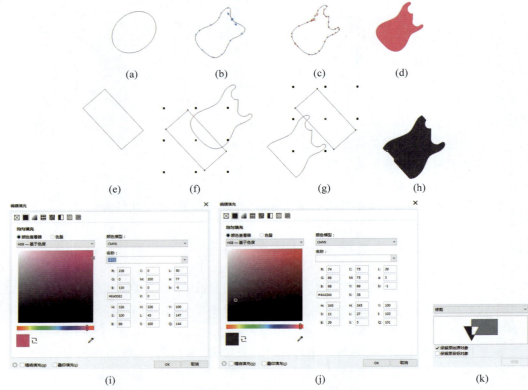

图 5-15 吉他主体部分轮廓绘制、填色(一)

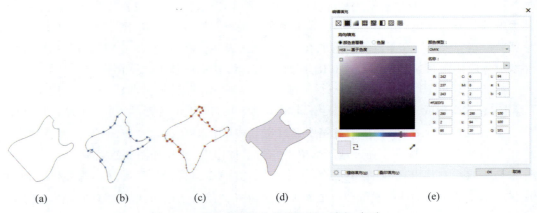

图 5-16 吉他主体部分轮廓绘制、填色(二)

图形。

在工具箱中选取椭圆工具 ⊙ 绘制一个椭圆,如图 5-19(a)所示,并转换为曲线。使用形状工具 ⬡ 通过增加或者删除节点依次编辑成如图 5-19(b)所示的形状。

将图 5-19(b)所示图形复制一个并等比例放大,就得到如图 5-19(c)所示形状。将图 5-19(b)和图 5-19(c)组合,如图 5-20(a)所示。

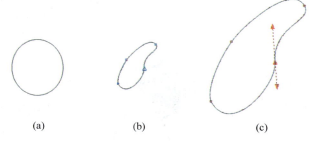

图 5-17 吉他主体部分局部轮廓绘制（一）

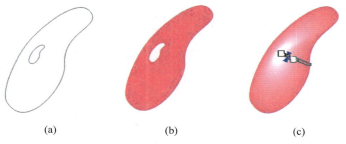

图 5-18 吉他主体部分局部填色、调和（一）

在工具箱中选取交互式填充工具 <!-- icon -->中的"均匀填充"，分别填充为白色和粉红色，完成后单击"确定"按钮，如图 5-20（b）所示。

在工具箱中选取调和工具 <!-- icon -->，将被选中的一个对象拖动到另一个对象，同时在工具属性栏设置"步长"参数为 50。这样就得到了如图 5-20（c）所示图形。

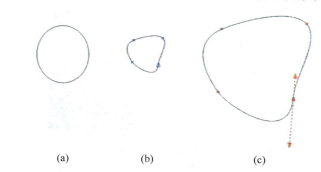

图 5-19 吉他主体部分局部轮廓绘制（二）

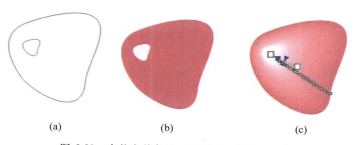

图 5-20 吉他主体部分局部填色、调和（二）

将图 5-21(a)、图 5-21(b)、图 5-21(c)、图 5-21(d)和图 5-21(e)按照适当的比例组合(在组合时要配合 Shift 键等比例缩放),如图 5-21(f)所示,吉他的主体部分就绘制完成了。

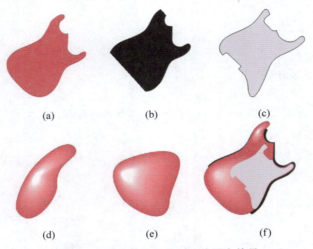

图 5-21 吉他主体部分各组件组合效果

(2) 在工具箱中选取矩形工具▢绘制一个矩形,如图 5-22(a)所示,并转换为曲线,同时旋转 310°,如图 5-22(b)所示。使用形状工具▮通过拖动节点或增加、删除节点的方法依次编辑成如图 5-22(c)所示的形状。在工具箱中选取交互式填充工具◇,在"编辑填充"对话框中,将相关参数设置成如图 5-22(e)所示,单击"确定"按钮,进一步编辑后如图 5-22(d)所示。

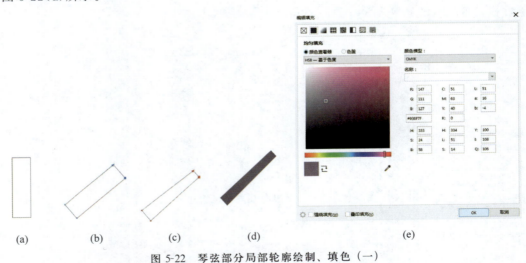

图 5-22 琴弦部分局部轮廓绘制、填色(一)

在工具箱中选取矩形工具▢绘制一个矩形,如图 5-23(a)所示,并转换为曲线,同时旋转 345°,如图 5-23(b)所示。使用形状工具▮通过拖动节点或增加、删除节点的方法依次分别编辑成如图 5-23(c)和图 5-23(d)所示的形状,进一步编辑后轮廓就绘制好了,如图 5-23(e)所示。

同时复制一个,分别填充颜色。在工具箱中选取交互式填充工具 ◆ ,在"编辑填充"
对话框中,将相关参数设置成如图 5-23(i)和图 5-23(j)所示,单击"确定"按钮后,效果如
图 5-23(f)和图 5-23(g)所示。

将图 5-23(f)与图 5-23(g)组合,就得到如图 5-23(h)所示图形。

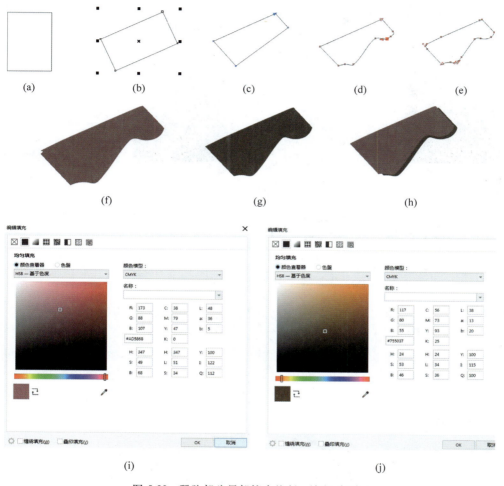

图 5-23　琴弦部分局部轮廓绘制、填色(二)

(3)在工具箱中选取椭圆工具 ◯ 和矩形工具 ▢ 绘制一个椭圆和矩形组合,如图 5-24(a)
所示。

分别将椭圆和矩形填充为黑色和灰色。在工具箱中选取交互式填充工具 ◆ ,在"编
辑填充"对话框中,将相关参数设置成如图 5-24(d)和图 5-24(e)所示,单击"确定"按钮,
效果如图 5-24(b)所示。将图 5-24(b)所示图形旋转 345°,如图 5-24(c)所示,执行"对象"→
"组合对象"命令。

将图 5-24(c)所示图形向上平行移动到合适的位置单击鼠标的右键,释放后就会看到又
复制了一个图 5-24(c)所示的图形,紧接着按 Ctrl＋D 组合键(连续操作 29 次),就会出现图
5-25(a)所示的效果,这样复制的效果既保证了与原图的平行,还保证了被复制的每一个对

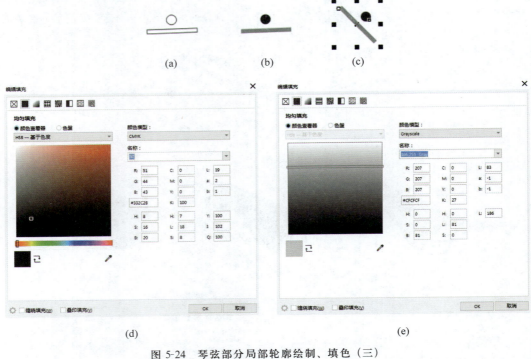

图 5-24　琴弦部分局部轮廓绘制、填色（三）

象之间的间距是相等的。此项操作可以帮助设计师设计很多效果，应该熟练掌握。

　　将图形全部选中，执行"对象"→"取消组合对象"命令，如图 5-25(b)所示。将部分组件删除（按 Delete 键），也可以配合 Shift 键，将不需要删除的部分释放，把需要删除的部分一次删除，如图 5-25(c)所示。通过进一步调整，就得到了想要的效果，如图 5-25(d)所示。

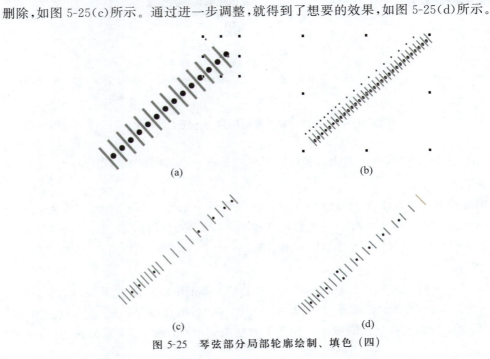

图 5-25　琴弦部分局部轮廓绘制、填色（四）

通过上面的操作学习,绘制琴弦就很容易了。用贝塞尔工具 绘制一条直线并旋转 314°,如图 5-26(a)所示。将图 5-26(a)向上平行移动到合适的位置,单击鼠标右键,释放后就会看到又复制了一个如图 5-26(b)所示的图形,紧接着按 Ctrl+D 组合键(连续操作 4 次),就会出现如图 5-26(c)所示的效果。将图 5-26(c)中的每根斜线逐一拉长,如图 5-26(d)所示。

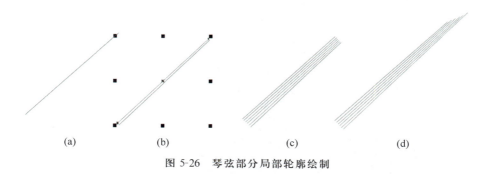

(a)　　　　　　　(b)　　　　　　　(c)　　　　　　　(d)

图 5-26　琴弦部分局部轮廓绘制

（4）在工具箱中选取椭圆工具 绘制一个椭圆,如图 5-27(a)所示。分别填充颜色为 40%灰色和 80%灰色。在工具箱中选取交互式填充工具 ,在"编辑填充"对话框中,将相关参数设置成如图 5-27(d)和图 5-27(e)所示,单击"确定"按钮,效果分别如图 5-27(b)和图 5-27(c)所示。

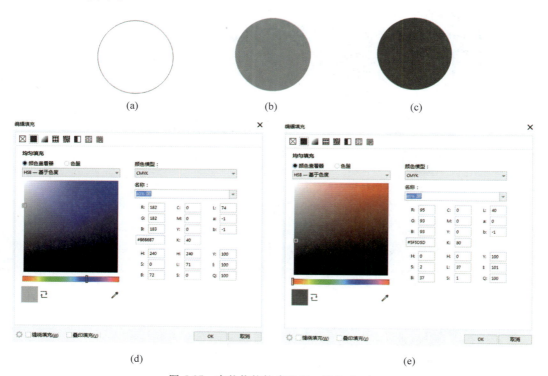

图 5-27　吉他修饰轮廓绘制、填色（一）

再复制一个图 5-27(a)所示图形(复制可采用拖动加右击的方法,也可以通过执行"编辑"→"复制"/"粘贴"命令)。

在工具箱中选取交互式填充工具 ,在"编辑填充"对话框中,将相关参数设置成如图 5-28(b)所示,单击"确定"按钮后,效果如图 5-28(a)所示。

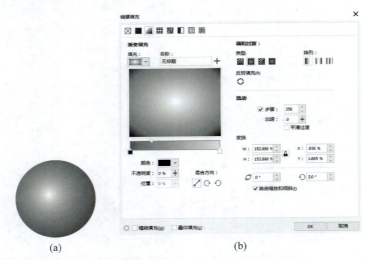

(a)   (b)

图 5-28 吉他修饰轮廓绘制、填色(二)

将图 5-27(b)和图 5-27(c)错位组合,再与图 5-28(a)组合,如图 5-29(a)所示。将图 5-29(a)分别排列在图 5-21(f)和图 5-23(h)上,就分别完成了吉他主体部分(见图 5-29(b))和琴弦顶头部分(见图 5-29(c))。

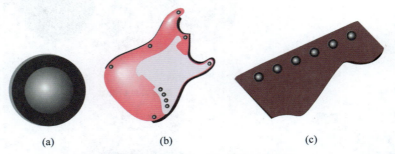

(a)   (b)   (c)

图 5-29 吉他主体部分与修饰组件组合

(5) 在工具箱中选取矩形工具 绘制一个矩形,如图 5-30(a)所示,选中后,使用形状工具 在工具属性栏中将"圆角半径"设置为 100,就可以得到如图 5-30(b)所示图形,旋转 315°,如图 5-30(c)所示。

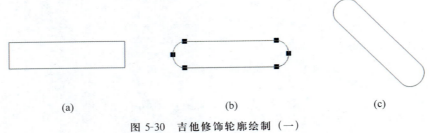

(a)   (b)   (c)

图 5-30 吉他修饰轮廓绘制(一)

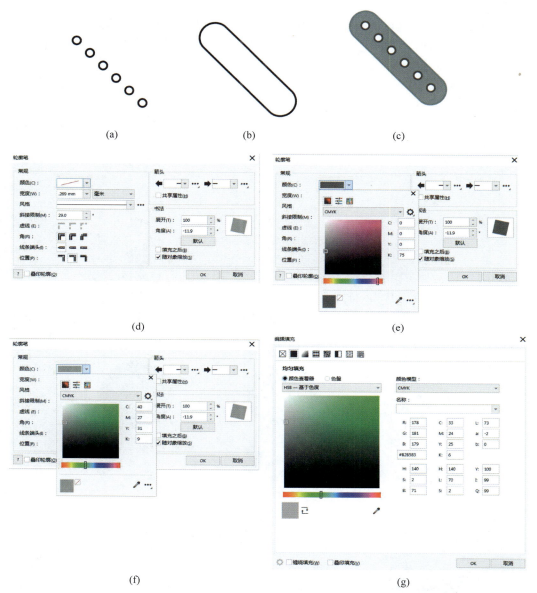

图 5-31 吉他修饰轮廓绘制、填色（三）

在工具箱中选取椭圆工具 绘制一个正圆，复制 5 个并依次排列成如图 5-31（a）所示的效果。将图 5-30（c）所示形状重新设置轮廓宽度，使用快捷键 F12，弹出"轮廓笔"对话框，相关参数设置如图 5-31（d）所示，完成后单击"确定"按钮，就得到如图 5-31（b）所示图形。

使用快捷键 F12，弹出"轮廓笔"对话框，分别将图 5-31（a）和图 5-31（b）所示图形的轮廓填充为灰色，相关参数设置如图 5-31（e）、图 5-31（f）所示。完成后单击"确定"按钮。

将图 5-31（a）和图 5-31（b）组合，在工具箱中选取交互式填充工具 ，在"编辑填充"对话框中，为图 5-31（b）填充背景颜色，相关参数设置如图 5-31（g）所示，完成后单击"确定"按钮,效果如图 5-31(c)所示。

(6) 在工具箱中选取椭圆工具 ⊙ 绘制一个正圆,如图 5-32(a)所示。同时复制一个图 5-30(c)所示图形,并旋转 292°,如图 5-32(b)所示。然后按适当的比例组合,得到图 5-32(c)所示图形。

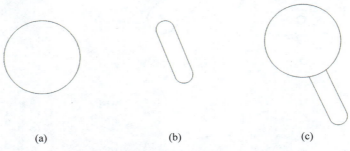

(a)　　　　　　　　　　(b)　　　　　　　　　　(c)

图 5-32　吉他修饰轮廓绘制

将图 5-32(c)所示图形全部选中,执行"对象"→"组合对象"命令,并复制一个。在工具箱中选取交互式填充工具 ⬧,将图 5-33(a)所示图形的相关参数设置成如图 5-33(d)所示;图 5-33(b)所示图形的相关参数设置成如图 5-33(e)所示。设置完成后单击"确定"按钮,得到如图 5-33(b)所示图形。将图 5-33(a)与图 5-33(b)错位组合成图 5-33(c)所示效果。

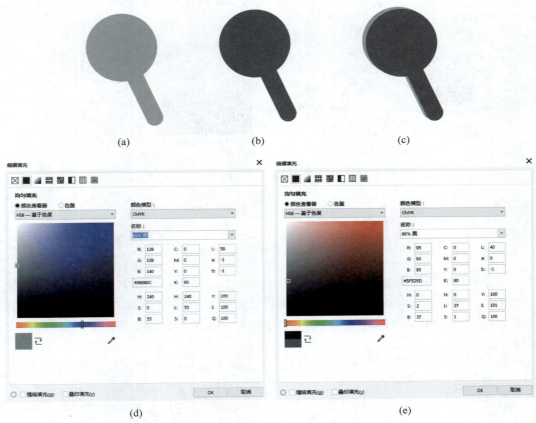

(a)　　　　　　　　　　(b)　　　　　　　　　　(c)

(d)　　　　　　　　　　(e)

图 5-33　吉他修饰轮廓填色

（7）把已经绘制好的所有组件按照一定的比例组合在一起。首先，将图 5-34（a）组件和图 5-34（b）组件组合，并复制 6 组，每一组与图 5-34（b）上面的"圆锭"相对应，依次排列即可，完成后如图 5-34（c）所示。

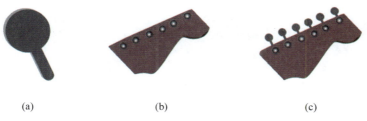

(a)　　　　　　　　　　(b)　　　　　　　　　　(c)

图 5-34　吉他修饰组件组合

将图 5-35（a）～图 5-35（c）组合（组合时配合键盘 Shift 键等比例缩放），就得到了如图 5-35（f）所示图形。将图 5-35（d）和图 5-35（f）组合，琴弦部分就绘制好了，如图 5-35（g）所示。

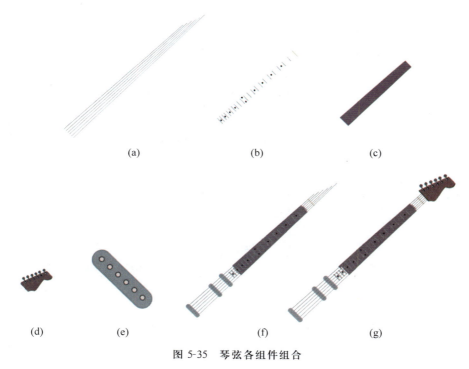

(a)　　　　　　　　(b)　　　　　　　　(c)

(d)　　　　(e)　　　　(f)　　　　(g)

图 5-35　琴弦各组件组合

将绘制好的图 5-36（a）和图 5-36（b）组合，完成后如图 5-36（c）所示。

（8）用手绘工具 ✍ 绘制一条曲线，如图 5-37（a）所示。使用形状工具 ↖ 通过拖动节点或增加、删除节点的方法依次编辑成图 5-37（b）所示的形状，进一步调整就得到了如图 5-37（c）所示图形。将图 5-37（c）向上平行移动到合适的位置单击鼠标右键，释放后就会看到又复制了一个，如图 5-38（a）所示，接着按 Ctrl＋D 组合键（连续操作 14 次），就会出现如图 5-38（b）所示的效果。

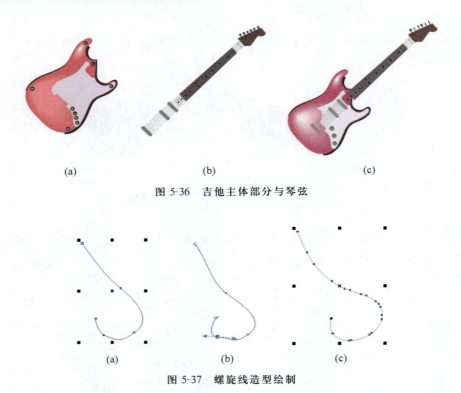

图 5-36　吉他主体部分与琴弦

图 5-37　螺旋线造型绘制

将图 5-38(b)使用挑选工具全部选中,在工具箱中选取变形工具，在工具属性栏中选择"扭曲变形",相关的参数为:"完全旋转角度"为 0;"附加角度"为 212。至此,漂亮的螺旋纹就绘制完成了,如图 5-38(c)所示。

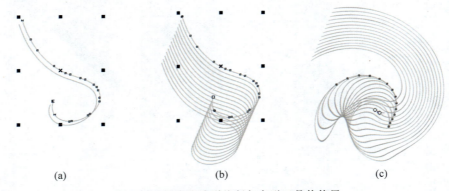

(a)　　　　　　　　　　　　(b)　　　　　　　　　　　　(c)

图 5-38　螺旋线造型绘制与变形工具的使用

所有的组件绘制组合完成后,将如图 5-39(a)所示吉他与如图 5-39(b)所示螺旋纹按比例组合(组合时要配合 Shift 键等比例缩放),如图 5-39(c)所示。

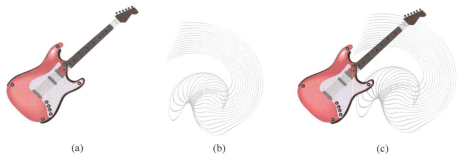

(a)   (b)   (c)

图 5-39 吉他与螺旋线造型

5.3 案例三：中国风纹样设计

视频讲解

中国风纹样设计效果如图 5-40 所示。

图 5-40 中国风纹样设计效果

5.3.1 中国风纹样设计使用工具及其设计主题组件

1. 主要使用的工具及菜单命令

（1）主要使用的工具有：挑选工具、椭圆工具、轮廓工具、交互式填充工具（均匀填充）、阴影工具、轮廓笔工具、轮廓颜色工具。

（2）主要使用的菜单命令有：

① “对象”→“转换为曲线”。

② “对象”→“组合对象”。

③ “对象”→“取消组合对象”。

④ "对象"→"顺序"。"顺序"命令又包括:

- 到页前面、到页后面;
- 到图层前面、到图层后面、向前一层、向后一层;
- 置于此对象前、置于此对象后。

2. 设计主题组件分析

中国风纹样设计主题主要组件由背景部分、同心圆部分组成。

5.3.2 中国风纹样设计制作过程

在工具箱中选取椭圆工具 ◯ 绘制一个正圆,如图 5-41(a)所示。在工具箱中选取交互式填充工具 ◈,在"编辑填充"对话框中,将相关参数设置成如图 5-41(c)所示。设置完成后单击"确定"按钮,得到如图 5-41(b)所示图形。

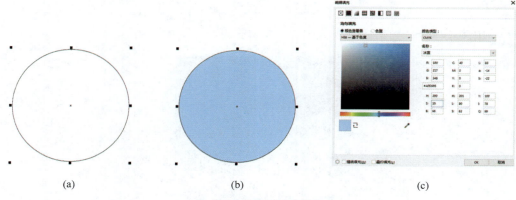

(a)   (b)   (c)

图 5-41　绘制正圆、填色

在工具箱中选取阴影工具 ▢,在属性栏中将阴影的不透明度设置为 50,羽化值设置为 15,如图 5-42(a)所示。按住 Shift 键等比例缩放并单击右键,直到出现如图 5-42(b)所示效果,按 Ctrl+R 组合键连续复制,如图 5-42(c)所示。

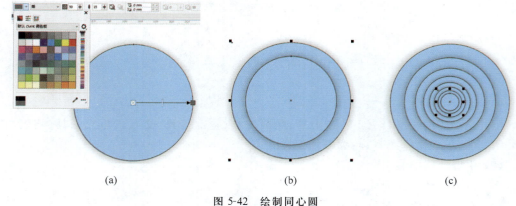

(a)   (b)   (c)

图 5-42　绘制同心圆

将图 5-42(c)所示图形中同心圆稍作调整,如图 5-43(a)所示,并复制如图 5-43(b)所示。

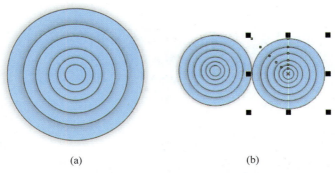

(a)   (b)

图 5-43   调整同心圆并复制

按 Ctrl＋R 组合键连续复制,如图 5-44 所示。

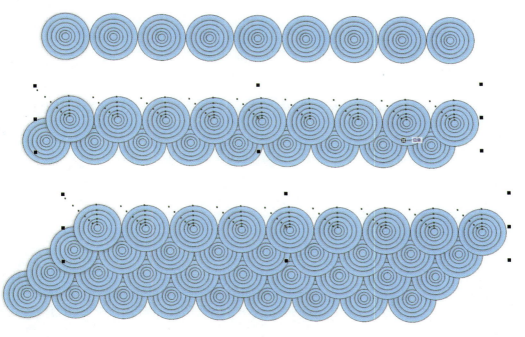

图 5-44   连续复制

将复制好的图 5-44 所示的最下面部分复制,并排列成如图 5-45 所示形状。

在工具箱中选取矩形工具绘制一个矩形,如图 5-46(a)所示,将图 5-45 所示图形全部选中,执行"对象"→"组合对象"命令,完成后单击右键,在快捷菜单中选择"PowerClip 内部"命令,如图 5-46(b)所示,单击图 5-46(a),得到如图 5-47(a)所示图形。

在文件菜单中执行"导入"命令,选择背景素材如图 5-47(b)所示。将图 5-47(a)和图 5-47(b)组合,得到如图 5-47(c)所示图形。

将图 5-47(c)所示图形的透明度稍作调整,如图 5-48(a)所示,完成后效果如图 5-48(b)所示。

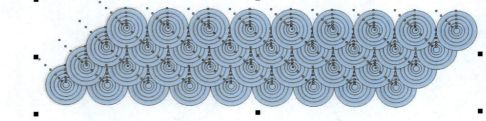

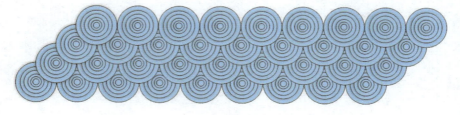

图 5-45   复制并排列

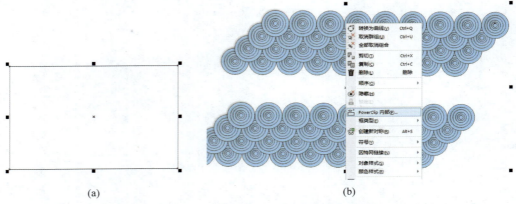

(a)   (b)

图 5-46   执行"PowerClip 内部"命令

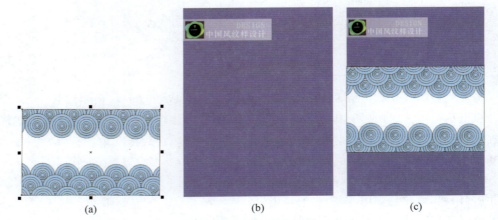

(a)   (b)   (c)

图 5-47   图形与背景组合

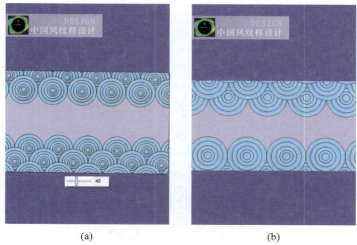

(a)   (b)

图 5-48 　调整图形与背景

5.4　自学案例

掌握以上插画设计的方法，可以设计不同类型、不同造型、不同图形的插画、广告效果图。

5.4.1　花卉元素插图设计

花卉元素插图设计效果如图 5-49 所示。

图 5-49 　花卉元素插图设计效果

5.4.2 抽象元素插图设计

抽象元素插图设计效果如图 5-50 所示。

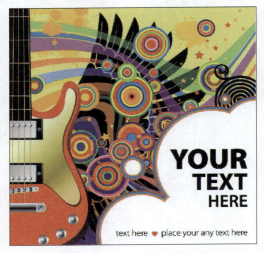

图 5-50 抽象元素插图设计效果

5.4.3 传统元素插图设计

传统元素插图设计效果如图 5-51 所示。

图 5-51 传统元素插图设计效果

5.4.4 现代元素插图设计

现代元素插图设计效果如图 5-52 所示。

小结：本章通过绘制插图,使读者能够重点掌握并熟练应用"形状""手绘""均匀填充""渐变填充""变形""调和""阴影""轮廓"等工具,以及"组合对象""扭曲变形""造型"

图 5-52　现代元素插图设计效果

等相关命令。如果认真按照本教材章节进行学习,就会发现 CorelDRAW X8 软件的学习是非常容易的。掌握几个重要工具的基本操作,熟悉"对象"菜单下面的所有命令,无论是图形绘制,还是产品造型和插画设计,都会变得得心应手。

第 6 章　包装设计

6.1　案例一：包装效果图设计

包装效果图设计如图 6-1 所示。

图 6-1　包装效果图设计

6.1.1　包装效果图设计使用工具及其设计主题组件

1. 主要使用的工具及菜单命令

（1）主要使用的工具有：挑选工具、形状工具、矩形工具、透明工具、水平镜像、垂直镜像、交互式填充工具（均匀填充、渐变填充、图样填充）、文字工具等。

（2）主要使用的菜单命令有：

①"对象"→"转换为曲线"。

②"对象"→"组合对象"。

③"对象"→"取消组合对象"。

④"对象"→"添加透视"。

⑤"对象"→"顺序"。"顺序"命令又包括：

• 到页前面、到页后面；

• 到图层前面、到图层后面、向前一层、向后一层；

- 置于此对象前、置于此对象后。

2. 设计主题组件分析

包装效果图设计主题组件主要有：包装主展示面和侧面图形、包装主展示面和侧面添加的透视效果、文字部分等。

6.1.2　包装效果图设计制作过程

1. 包装效果图案例（一）

包装效果图案例（一）如图 6-2 所示。

图 6-2　包装效果图案例（一）

（1）在工具箱中选取矩形工具◻绘制一个矩形，如图 6-3（a）所示，并转换为曲线。使用形状工具⬚通过增加或者删除节点的方法编辑成想要的形状，这里需要在几个决定形状的地方增加两个节点，如图 6-3（b）和图 6-3（c）所示，通过进一步编辑节点或拖动节点上的调节杆依次编辑成图 6-3（d）所示的形状。选中要编辑的节点，如图 6-3（d）所示，单击鼠标右键，从弹出的快捷菜单中选择"到曲线"命令，执行结束后将两个节点删除，单击鼠标右键，从弹出的快捷菜单中选择"删除"命令（也可以直接按 Delete 键），通过移动调节杆进一步修改后就轻松地获得了想要形状，如图 6-3（e）、图 6-3（f）和图 6-3（g）所示。

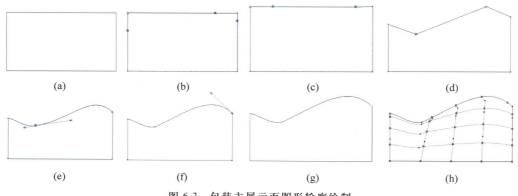

图 6-3　包装主展示面图形轮廓绘制

（2）选中图 6-3(g)，在工具箱中选取网状填充工具 ，在工具属性栏里将"网格大小"参数设置为 4，如图 6-3(h)所示。把图 6-4(a)中选中的节点稍作调整，并按节点不同的位置选取不同的颜色，填充成如图 6-4(b)所示的样子。这样就得到了如图 6-4(c)所示的效果。

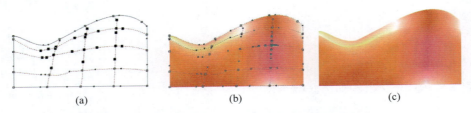

图 6-4　包装主展示面图形使用"网状填充"工具填色

将图 6-4(c)所示图形复制一个，先执行"水平镜像"命令 ，如图 6-5(a)所示，再执行"垂直镜像"命令 ，如图 6-5(b)所示，将其"高"进行挤压就得到了图 6-5(c)和图 6-5(d)所示图形，至此，图 6-2 中的主要图形就绘制完成了。

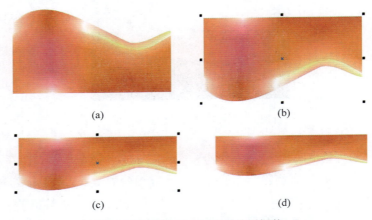

图 6-5　包装主展示面图形造型调整

在工具箱中选取矩形工具 绘制一个矩形，宽为 90mm，高为 111mm，如图 6-6(a)所示。将绘制好的图形如图 6-4(c)和图 6-5(d)所示，置入绘制好的矩形中，宽度与矩形的宽度一致，高度可以根据需要调节，组合好后如图 6-6(b)所示。

从工具箱中选取文本工具 ，输入 SAMPLETEXT 等文字，组合成图 6-6(c)所示的样子，填充为红色后放入图 6-6(b)视觉中心的位置，这样图 6-2 中的一个主展示面就绘制完成了，如图 6-6(c)所示。

在工具箱中选取矩形工具 绘制一个矩形，宽为 30mm，高为 111mm，如图 6-7(a)所示，并使用交互式填充工具 中的"均匀填充"，填充为红色（参数为 C:0、M:100、Y:100、K:0），完成后单击"确定"按钮，如图 6-7(b)所示。

从工具箱中选取文本工具 ，输入 SAMPLETEXT 等文字，顺时针旋转 90°，并填充为白色，放入图 6-7(b)中间位置，这样图 6-2 中的一个侧面就绘制完成了，如图 6-7(c)所示。把图 6-7(d)和图 6-7(e)组合，组合好后如图 6-7(f)所示。

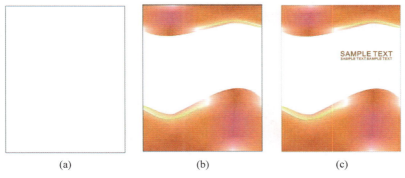

图 6-6 包装主展示面图形版式

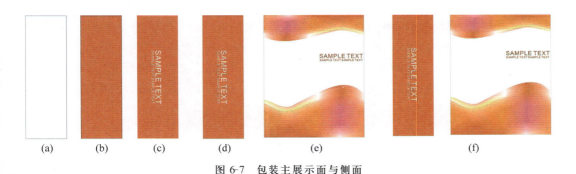

图 6-7 包装主展示面与侧面

（3）绘制透视效果，具体的方法如下：

将图 6-8（a）所示图形选中后，执行"对象"→"结合"/"组合对象"命令，执行"对象"→"添加透视"命令，如图 6-8（b）所示，根据自己想要的透视效果调节节点，调节至如图 6-8（c）所示效果。

将图 6-8（d）所示图形选中后，执行"对象"→"结合"/"组合对象"命令，执行"对象"→"添加透视"命令，如图 6-8（e）所示，根据自己想要的透视效果调节节点，调节至如图 6-8（f）所示效果。

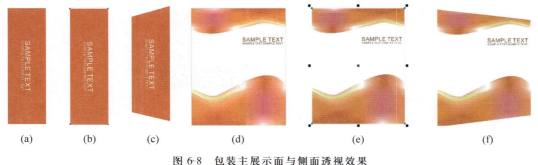

图 6-8 包装主展示面与侧面透视效果

将图 6-9（a）和图 6-9（b）组合，图 6-2 中的盒体部分就做好了，如图 6-9（c）所示。

在工具箱中选取矩形工具 分别绘制两个矩形，矩形的大小分别为宽 200mm、高

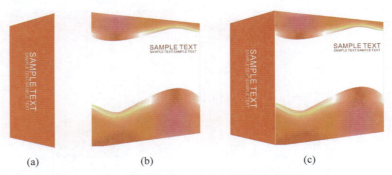

图 6-9　包装主展示面与侧面透视效果组合

200mm 和宽 200mm、高 60mm，如图 6-10(a)中的(1)和(2)所示。在工具箱中选取交互式填充工具 ，将图 6-10(a)中的(1)执行"渐变填充"，在"编辑填充"对话框中，将相关参数设置成如图 6-10(c)所示，单击"确定"按钮，如图 6-10(b)中的(1)所示；在工具箱中选取交互式填充工具 ，将图 6-10(a)中的(2)执行"均匀填充"，在"编辑填充"对话框中，将相关参数设置成如图 6-10(d)所示，单击"确定"按钮，如图 6-10(b)中的(2)所示。

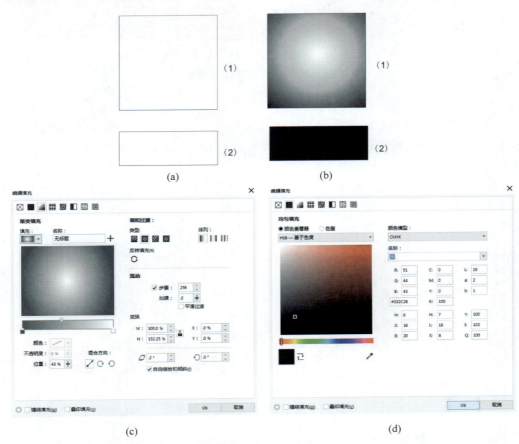

图 6-10　绘制背景、填色

将图 6-10（b）中的（1）和（2）组合，如图 6-11（a）所示，再将图 6-9（c）组合在图 6-11（a）中，包装立体效果图就做好了，如图 6-11（b）所示。

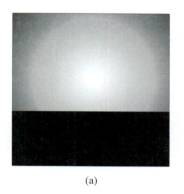

(a)　　　　　　　　　　　　　　　　(b)

图 6-11　包装立体效果与背景组合

2. 包装效果图案例（二）

包装效果图案例（二）如图 6-12 所示。

图 6-12　包装效果图案例（二）

（1）在工具箱中选取矩形工具□绘制一个矩形，如图 6-13（a）所示，并转换为曲线。然后用形状工具⬚通过增加或者删除节点的方法编辑成想要的形状，这里需要在几个决定形状的地方增加 4 个节点，如图 6-13（b）所示，通过进一步编辑节点或拖动节点上的调节杆依次编辑成图 6-13（c）所示的形状。选中要编辑的节点，如图 6-13（d）所示，单击鼠标右键，从弹出的快捷菜单中选择"到曲线"命令，执行结束后将 4 个节点删除，单击鼠标右键，从弹出的快捷菜单中选择"删除"命令（也可以直接按 Delete 键）。通过移动调节杆进一步修改后就可以轻松获得想要的形状，如图 6-13（e）所示。

（2）掌握图 6-13（e）中的图形绘制方法。在工具箱中选取矩形工具□绘制一个正方形，如图 6-14（a）所示，使用形状工具⬚向正方形中心方向拖动，就会得到图 6-14（b）所示图形，并将其复制排列成图 6-14（c）所示的样子。把图 6-14（c）所示图形整体平行移动合

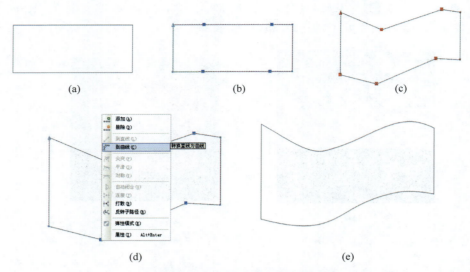

图 6-13 包装主展示面图形轮廓绘制

适的距离后复制一个,如图 6-14(d)所示,紧接着按 Ctrl+D 组合键,便可以直接绘制出图 6-14(e)所示的样子,接着使用交互式填充工具 中的"均匀填充"填上自己喜欢的颜色,如图 6-14(f)所示。

将图 6-14(f)存储成一个位图格式的 JPG 文件。存储位图格式的 JPG 文件时,直接使用"JPG 批量导出"命令 ,如图 6-15(b)所示。

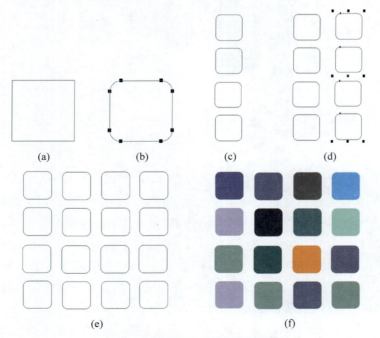

图 6-14 包装主展示面图形局部绘制

（3）将图 6-15(a)所示图形选中，在工具箱中选取交互式填充工具 ，在"编辑填充"对话框中，选择"位图图样填充"选项，在"来源"中单击"选择"按钮，弹出"导入"对话框，选择上一步存储的位图 JPG 文件（见图 6-14(f)），单击"导入"按钮，相关参数设置如图 6-15(d)所示，完成后单击"确定"按钮，效果如图 6-15(c)所示。

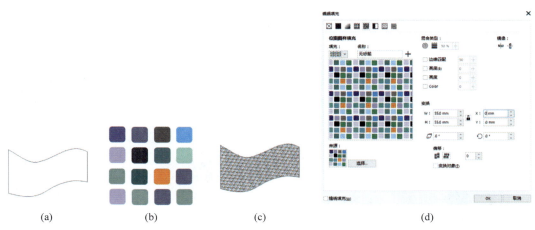

图 6-15　使用"位图图样填充"

（4）在工具箱中选取矩形工具 绘制一个矩形，宽为 30mm，高为 111mm，如图 6-16(a)所示，使用交互式填充工具 ，在"编辑填充"对话框中选择"渐变填充"，将相关参数设置成如图 6-16(d)所示，完成后单击"确定"按钮，如图 6-16(b)所示。

从工具箱中选取文本工具 字，输入 SAMPLETEXT 等文字，顺时针旋转 90°，并填充为白色，放入图 6-16(b)中间位置，这样图 6-12 的一个侧面就绘制完成了，如图 6-16(c)所示。

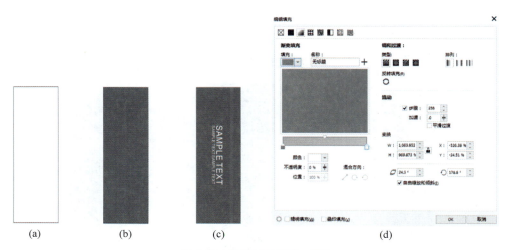

图 6-16　包装侧面造型、填色

在工具箱中选取矩形工具 绘制一个矩形，宽为 90mm，高为 111mm，如图 6-17(a)所示，将绘制好的图形（如图 6-17(b)）置入绘制好的矩形中，宽度与矩形的宽度一致，高度可以根据需要调节,组合好后如图 6-17(c)所示。

从工具箱中选取文本工具**字**,输入 SAMPLETEXT 等文字,组合成图 6-17(d)中的样子,并填充为灰色(参数如图 6-16(d)所示),然后放入图 6-17(a)中的右下角位置,这样图 6-12 的一个主展示面就绘制完成了,如图 6-17(f)所示。把图 6-17(e)和图 6-17(f)组合,如图 6-17(g)所示。

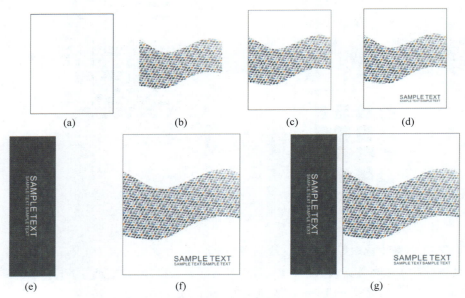

图 6-17　包装主展示面与侧面组合

(5) 绘制透视效果,绘制完成后将其组合,具体方法如下:

将图 6-18(a)选中后,执行"对象"→"结合"/"组合对象"命令,执行"对象"→"添加透视"命令,如图 6-18(b)所示,根据想要的透视效果调节节点,调节至如图 6-18(c)所示。

将图 6-18(d)选中后,执行"对象"→"结合"/"组合对象"命令,执行"对象"→"添加透视"命令,如图 6-18(e)所示,根据想要的透视效果调节节点,调节至如图 6-18(f)所示。

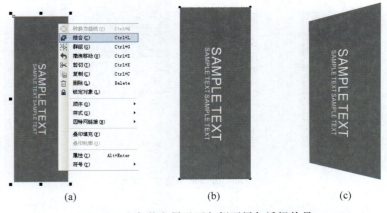

图 6-18　为包装主展示面与侧面添加透视效果

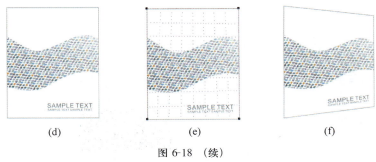

(d)	(e)	(f)

图 6-18　(续)

将图 6-19(a)和图 6-19(b)组合，图 6-12 中的盒体部分就做好了，如图 6-19(c)所示。

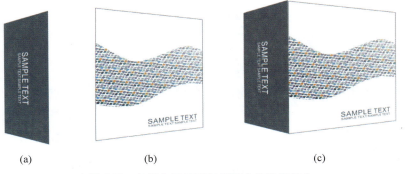

(a)	(b)	(c)

图 6-19　包装主展示面与侧面立体效果组合

在工具箱中选取矩形工具 ▣ 分别绘制两个矩形，矩形的大小分别为宽 200mm、高 200mm 和宽 200mm、高 60mm，如图 6-20(a)中的(1)和(2)所示。在工具箱中选取交互式填充工具 ◈，将图 6-20(a)中的(1)执行"渐变填充"，在"编辑填充"对话框中，将相关参数设置成如图 6-20(c)所示，单击"确定"按钮，如图 6-20(b)中的(1)所示；在工具箱中选取交互式填充工具 ◈，将图 6-20(a)中的(2)执行"均匀填充"，在"编辑填充"对话框中，将相关参数设置成如图 6-20(d)所示，单击"确定"按钮，如图 6-20(b)中的(2)所示。

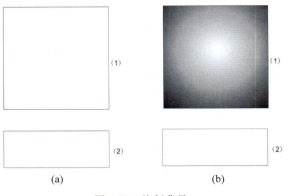

(a)	(b)

图 6-20　绘制背景

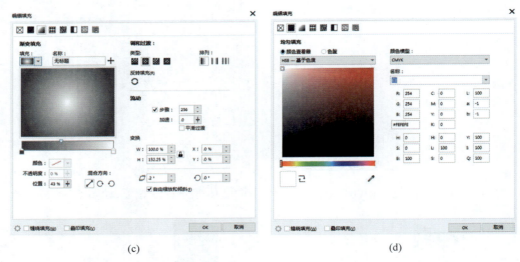

(c)　　　　　　　　　　　　　　　　(d)

图 6-20　(续)

将图 6-20(b)中的(1)和(2)组合,如图 6-21(a)所示,再将图 6-21(b)组合在图 6-21(a)中,包装立体效果图就做好了,如图 6-21(c)所示。

(a)　　　　　　　　　　　　(b)　　　　　　　　　　　　(c)

图 6-21　包装立体效果与背景组合

6.2　案例二:包装主展示面图形设计

包装主展示面图形设计如图 6-22 所示。

6.2.1　包装主展示面图形设计使用工具及其设计主题组件

1. 主要使用的工具及菜单命令

(1)主要使用的工具有:挑选工具、形状工具、矩形工具、箭头形状工具、交互式填充工具(均匀填充、渐变填充)、轮廓工具(轮廓笔)、文字工具等。

(2)主要使用的菜单命令有:

① "对象"→"转换为曲线"。

图 6-22　包装主展示面图形设计

② "对象"→"组合对象"。

③ "对象"→"取消组合对象"。

④ "对象"→"添加透视"。

⑤ "对象"→"顺序"。"顺序"命令又包括：

- 到页前面、到页后面；
- 到图层前面、到图层后面、向前一层、向后一层；
- 置于此对象前、置于此对象后。

2. 设计主题组件分析

包装效果图设计主题主要有：包装盒立体效果、图形设计案例（一）、图形设计案例（二）、图形设计案例（三）等。

6.2.2　系列包装主展示面图形设计制作过程

包装盒体的立体效果与 6.1 节中的绘制方法一样，只是造型上稍有不同，下面将几个主要的组件做简单的图解：

主展示面：在工具箱中选取矩形工具 绘制矩形，宽为 145mm，高为 200mm，如图 6-23（a）所示。在工具箱中选取交互式填充工具 ，弹出"编辑填充"对话框，相关参数如图 6-24（d）所示，设置完成后单击"确定"按钮，如图 6-23（b）所示。

将图 6-23（b）选中后，执行"对象"→"添加透视"命令，根据想要的透视效果调节节点，调节至图 6-23（c）所示效果。

侧面：在工具箱中选取矩形工具 绘制一个矩形，宽为 30mm，高为 200mm，如图 6-24（a）所示，在工具箱中选取交互式填充工具 ，弹出"编辑填充"对话框，相关参数设置成如图 6-24（e）所示，设置完成后单击"确定"按钮，如图 6-24（b）所示。

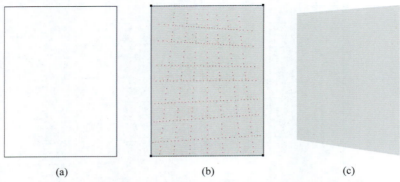

(a)   (b)   (c)

图 6-23　为包装主展示面添加透视效果

　　将图 6-24(b)选中后,执行"对象"→"添加透视"命令,根据想要的透视效果调节节点,调节至图 6-24(c)所示效果。

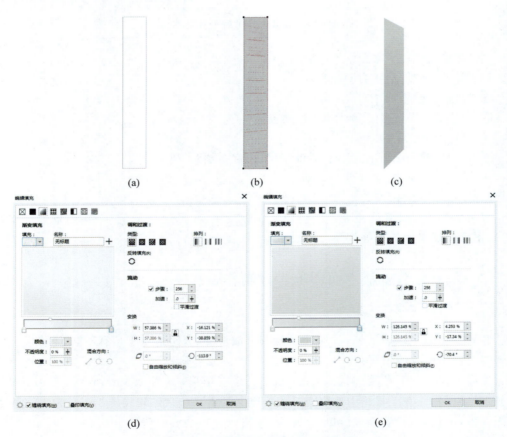

(a)   (b)   (c)

(d)   (e)

图 6-24　为包装侧面添加透视效果

　　将图 6-25(a)和图 6-25(b)组合,包装盒立体效果就做好了,如图 6-25(c)所示。

1. 包装主展示面图形设计案例(一)

包装主展示面图形设计案例(一)如图 6-26 所示。

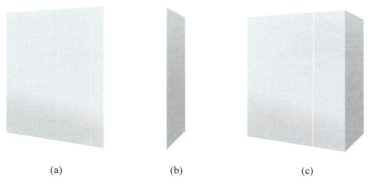

(a)   (b)   (c)

图 6-25   包装主展示面与侧面组合立体效果

图 6-26   包装主展示面图形设计案例（一）

绘制如图 6-27(a)所示图形,它的基本图形是一个箭头,用这个基本图形可以分别编辑出如图 6-27(a)中的 1、2、3、4 所示图形。

绘制图 6-27(a)中的箭头 1。在工具箱中选取常见形状工具，在属性栏选择"完美形状"选项，如图 6-27(f)所示。绘制一个箭头,如图 6-27(b)所示,并转换为曲线。使用形状工具通过拖动节点或增加、删除节点的方法编辑成想要的形状。这个图形中需要添加 4 个节点,将箭头最顶端的节点移动至如图 6-27(c)所示。依次编辑成如图 6-27(d)所示的样子,并选中如图 6-27(d)所示相关的节点,单击鼠标右键,从弹出的快捷菜单中选择"到曲线"命令,执行结束后单击鼠标右键,从弹出的快捷菜单中选择"删除"命令(也可以按 Delete 键),进一步编辑后如图 6-27(e)所示。这样,图 6-27(a)中的箭头 1 就绘制好了。

使用上述方法分别绘制出图 6-27(a)中的箭头 2、箭头 3 和箭头 4。将绘制好的箭头 1、箭头 2、箭头 3 和箭头 4 依次组合(组合时注意比例关系),如图 6-28(a)所示,将图 6-28(a)中的数字删除,如图 6-28(b)所示。

在工具箱中选取交互式填充工具，弹出"编辑填充"对话框,相关参数设置成如

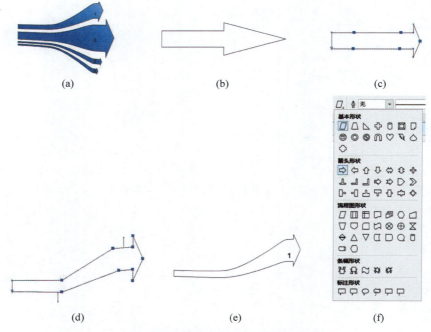

图 6-27　包装主展示面图形局部绘制

图 6-28(d)所示，设置完成后，单击"确定"按钮，如图 6-28(c)所示。

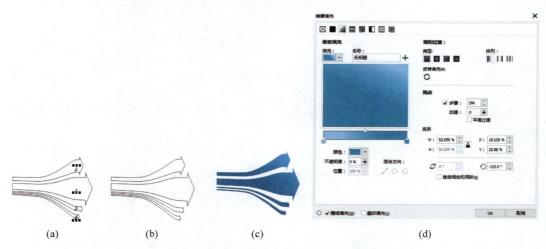

图 6-28　包装主展示面图形组合、填色

将图 6-29(a)和图 6-29(b)组合(组合时注意比例关系)，组合后如图 6-29(c)所示。

2. 包装主展示面图形设计案例(二)

包装主展示面图形设计案例(二)如图 6-30 所示。

(1) 绘制如图 6-31(a)所示图形。在工具箱中选取矩形工具█绘制一个矩形，宽为 145mm，高为 65mm，如图 6-31(b)所示，并转换为曲线。使用形状工具█通过拖动节点或增加、删除节点的方法编辑成想要的形状。在这个图形中需要添加两个节点，如

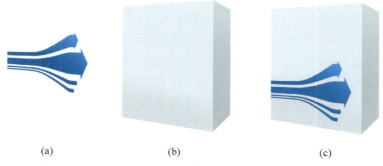

| (a) | (b) | (c) |

图 6-29　包装主展示面图形与盒体组合

图 6-30　包装主展示面图形设计案例（二）

图 6-31（b）所示，依次编辑成如图 6-31（c）所示的样子，并选中图 6-31（c）相关的节点（即刚添加的两个节点），单击鼠标右键，从弹出的快捷菜单中选择"到曲线"命令，执行结束后单击鼠标右键，从弹出的快捷菜单中选择"删除"命令（也可以按 Delete 键），如图 6-31（d）所示，进一步编辑后就得到如图 6-31（e）所示图形。

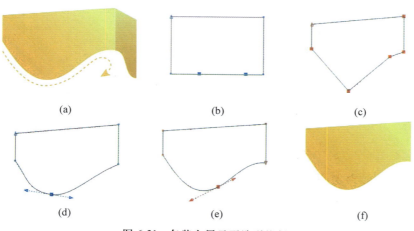

| (a) | (b) | (c) |
| (d) | (e) | (f) |

图 6-31　包装主展示面造型绘制

　　在工具箱中选取交互式填充工具 🖌，弹出"编辑填充"对话框，相关参数设置如图 6-32(g)所示，完成后单击"确定"按钮，如图 6-31(f)所示。

　　在工具箱中选取矩形工具 🔲 绘制一个矩形，宽为 30mm，高为 65mm，如图 6-32(a)所示，并转换为曲线。使用形状工具 🖊 通过拖动节点或增加、删除节点的方法编辑成想要的形状。在这个图形中需要添加两个节点，如图 6-32(a)所示。选中另外两个节点，如图 6-32(b)所示，依次编辑成图 6-32(c)所示的样子，并选中图 6-32(c)所示相关的节点，单击鼠标右键，从弹出的快捷菜单中选择"到曲线"命令，执行结束后单击鼠标右键，从弹出的快捷菜单中选择"删除"命令(也可以按 Delete 键)，如图 6-32(d)所示，进一步编辑后如图 6-32(e)所示。

　　在工具箱中选取交互式填充工具 🖌，弹出"编辑填充"对话框，相关参数设置成如图 6-32(h)所示，完成后单击"确定"按钮，如图 6-32(f)所示。

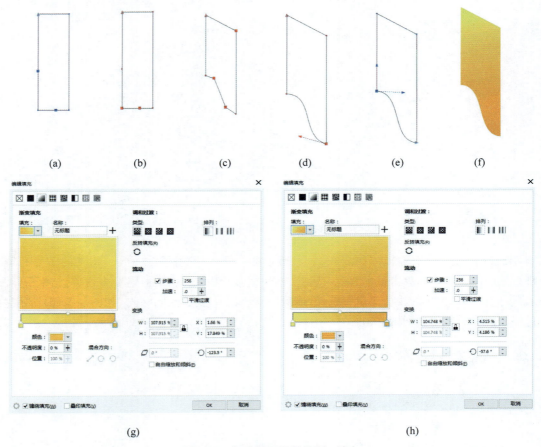

图 6-32　包装侧面造型绘制、填色

　　(2) 绘制图 6-31(a)中的弯曲虚线图形，它的基本形状是由一段曲线编辑出来的。

　　在工具箱中选取手绘工具 ✏️ 绘制一条曲线，如图 6-33 所示。使用形状工具 🖊 通过拖动节点或增加、删除节点的方法进一步调整成想要的形状，如图 6-34(a)所示。

　　选中图 6-34(a)所示图形，按下 F12 快捷键，弹出"轮廓笔"对话框，相关参数设置如图 6-34(c)所示，完成后单击"确定"按钮，如图 6-34(b)所示。

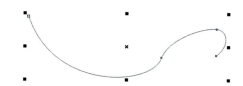

图 6-33　包装主展示面图形局部绘制

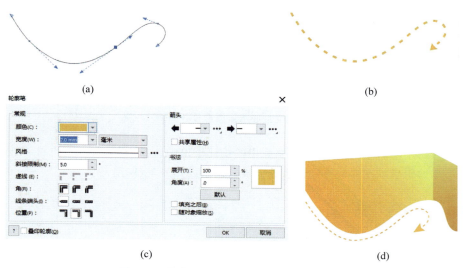

图 6-34　包装主展示面图形局部绘制、填色

将图 6-31(f)、图 6-32(f)、图 6-34(b)组合(组合时注意比例关系),如图 6-34(d)所示。再将图 6-34(d)与图 6-35(a)组合,如图 6-35(b)所示。

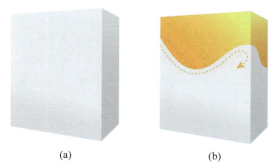

图 6-35　包装主展示面图形与盒体组合

3. 包装主展示面图形设计案例(三)

包装主展示面图形设计案例(三)如图 6-36 所示。

绘制如图 6-37(a)所示图形。在工具箱中选取矩形工具▢绘制一个矩形,宽为 145mm,高为 200mm,如图 6-37(b)所示,并转换为曲线。使用形状工具⟨⟩通过拖动节点或增加、删除节点的方法编辑成想要的形状。在这个图形中需要添加两个节点,依次编辑成图 6-37(c)所示的样子,并选中图 6-37(c)相关的节点。单击鼠标右键,从弹出的快捷菜单中选择"到曲

图 6-36   包装主展示面图形设计案例（三）

线"命令，执行结束后单击鼠标右键，从弹出的快捷菜单中选择"删除"命令（也可以按 Delete 键），进一步编辑后如图 6-38(a)所示，进一步修改后如图 6-38(b)所示。

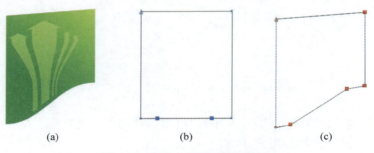

      (a)   (b)   (c)

图 6-37   包装主展示面图形绘制

在工具箱中选取交互式填充工具 ，弹出"编辑填充"对话框，相关参数设置为如图 6-38(d)所示，设置完成后，单击"确定"按钮，如图 6-38(c)所示。

将图 6-28(b)所示图形复制一个，如图 6-39(a)所示。拉一根参考线并旋转 37.1°，如图 6-39(b)所示。

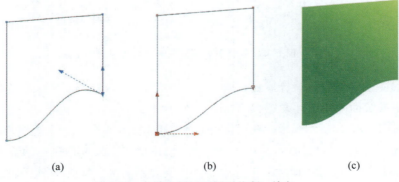

      (a)   (b)   (c)

图 6-38   包装主展示面图形绘制、填色

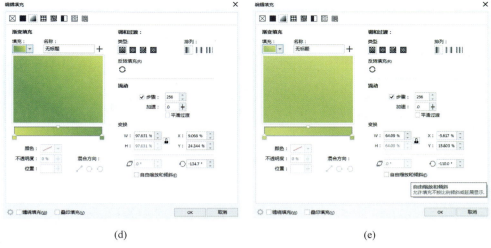

(d)　　　　　　　　　　　　　　　　(e)

图 6-38　（续）

注意：CorelDRAW X8 的参考线是可以编辑的，可以改变其角度、颜色、锁定，还可以删除，使用起来非常方便。

将图 6-39(b)所示图形转换为曲线。使用形状工具 通过拖动节点或增加、删除节点的方法编辑成想要的形状。在这个图形中需要在参考线与图形交叉的地方增加 7 个节点，如图 6-39(b)所示，再选中图 6-39(c)的相关节点，单击鼠标右键，从弹出的快捷菜单中选择"到曲线"命令，执行结束后单击鼠标右键，从弹出的快捷菜单中选择"删除"命令（也可以按 Delete 键），进一步编辑后如图 6-39(d)所示，通过进一步使用调节杆依次编辑成如图 6-39(e)、图 6-39(f)、图 6-39(g)和图 6-39(h)所示形状，稍作调整后就得到了图 6-39(i)所示图形。

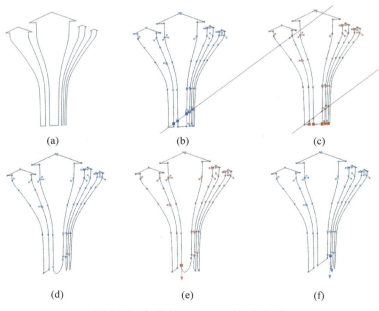

(a)　　　　　　　　　　　(b)　　　　　　　　　　　(c)

(d)　　　　　　　　　　　(e)　　　　　　　　　　　(f)

图 6-39　包装主展示面图形局部绘制

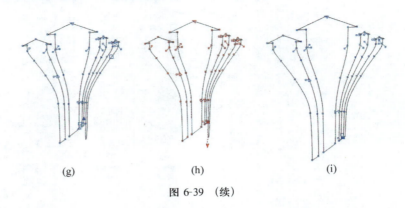

(g)　　　　　　　　　(h)　　　　　　　　　(i)

图 6-39　(续)

　　选中绘制好的如图 6-40(a)所示图形,在工具箱中选取交互式填充工具,弹出"编辑填充"对话框,相关参数设置如图 6-38(e)所示,完成后单击"确定"按钮,如图 6-40(b)所示。

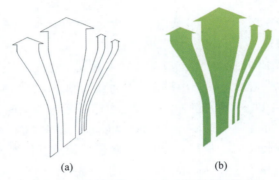

(a)　　　　　　　　　　　　　　(b)

图 6-40　包装主展示面图形局部绘制、填色

　　将图 6-38(c)和图 6-40(b)组合(组合时注意比例关系),如图 6-41(a)所示,再将图 6-41(a)和图 6-41(b)组合,如图 6-41(c)所示。

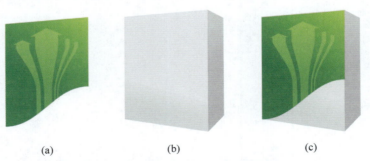

(a)　　　　　　　　　(b)　　　　　　　　　(c)

图 6-41　包装主展示面图形与盒体组合

6.3　案例三：包装主展示面底纹设计

包装主展示面底纹设计如图 6-42 所示。

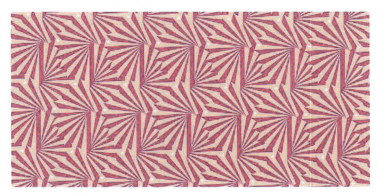

视频讲解

图 6-42　包装主展示面底纹设计效果

6.3.1　包装主展示面底纹设计使用工具及其设计主题组件

1. 主要使用的工具及菜单命令

（1）主要使用的工具有：挑选工具、形状工具、矩形工具、交互式填充工具（均匀填充）等。

（2）主要使用的菜单命令有：

① "对象"→"转换为曲线"。

② "对象"→"组合对象"。

③ "对象"→"取消组合对象"。

④ "对象"→"PowerClip 内部"。

⑤ "对象"→"顺序"。"顺序"命令又包括：

- 到页前面、到页后面；

- 到图层前面、到图层后面、向前一层、向后一层；

- 置于此对象前、置于此对象后。

2. 设计主题组件分析

包装效果图设计主题主要由底纹图形设计组成。

6.3.2　包装主展示面底纹设计制作过程

在工具箱中选取矩形工具▯绘制一个矩形，如图 6-43（a）所示，将其复制一个，对齐排列如图 6-43（b）所示。将图 6-43（b）全部选中，转换为曲线，如图 6-43（c）所示。

在工具箱中选取交互式填充工具🖌，弹出"编辑填充"对话框，设置相关参数如图 6-43（e）所示，完成后单击"确定"按钮，效果如图 6-43（d）左边部分。

在工具箱中选取交互式填充工具 ，弹出"编辑填充"对话框，设置相关参数如图6-43(f)所示，完成后单击"确定"按钮，效果如图6-43(d)右边部分。

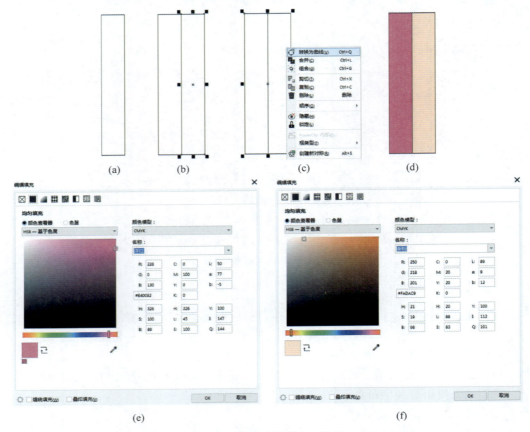

图6-43　绘制底纹图形、填色

将图6-44(a)中选中的两个节点使用形状工具 删除，依次编辑成如图6-44(b)和图6-44(c)所示的形状。选中图6-44(c)所示图形，在旋转状态下，将中心点移动至如图6-44(d)所示位置，旋转并单击鼠标右键，如图6-44(e)所示，按Ctrl+D组合键连续复制，如图6-44(g)所示。

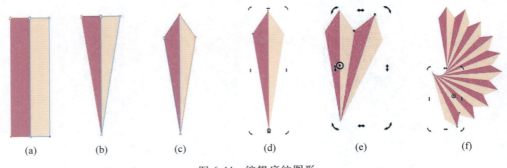

图6-44　编辑底纹图形

将图 6-44(g)所示图形复制并组合成如图 6-45(a)所示。执行连续复制操作,得到如图 6-45(b)和图 6-45(c)所示图形。

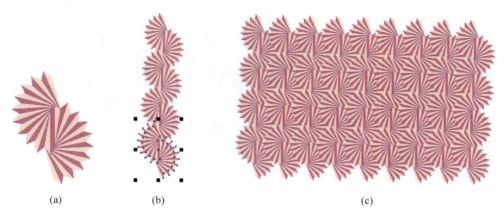

  (a)   (b)   (c)

图 6-45 组合底纹图形

将图 6-45(c)全部选中并执行"组合对象"命令,再执行"PowerClip 内部"命令,如图 6-46(a)所示,再单击图 6-46(b),包装底纹就绘制完成了,如图 6-46(c)所示。

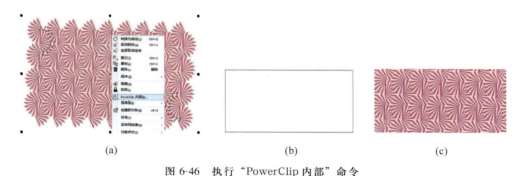

  (a)   (b)   (c)

图 6-46 执行"PowerClip 内部"命令

6.4 自学案例

掌握以上包装设计的方法,可以解决不同类型、不同造型、不同图形的包装以及包装效果图设计。

6.4.1 包装盒设计

包装盒设计如图 6-47 所示。

图 6-47　包装盒效果图设计

6.4.2　产品包装设计

产品包装设计效果如图 6-48 所示。

图 6-48　产品包装设计效果

小结：本章讲解了绘制包装立体效果图的方法以及包装设计中的图形设计。学习过本章的内容后，读者应重点掌握并熟练应用"形状""手绘""填充""图样填充""网状填充""透明"等工具以及"组合对象""转换为曲线""扭曲变形""添加透视""顺序""参考线""批量导出位图(JPG)"等相关命令。可以看出，结合适当实例，详解新的工具和命令，掌握CorelDRAW X8 软件设计技巧就显得非常容易了。

第 7 章　文字与版式设计

7.1　案例一："图行天下"字体标志设计

"图行天下"字体标志设计效果如图 7-1 所示。

图 7-1　"图行天下"字体标志设计效果

7.1.1　"图行天下"字体标志设计使用工具及其设计主题组件

1. 主要使用的工具及菜单命令

（1）主要使用的工具有：挑选工具、形状工具、画笔工具、文本工具（字体工具、字号工具）、交互式填充工具（均匀填充、渐变填充）等。

（2）主要使用的菜单命令有：

① "对象"→"转换为曲线"。

② "对象"→"组合对象"。

③ "对象"→"取消组合对象"。

④ "对象"→"拆分曲线"。

⑤ "对象"→"合并"。

⑥ "对象"→"顺序"。"顺序"命令又包括：

- 到页前面、到页后面；
- 到图层前面、到图层后面、向前一层、向后一层；
- 置于此对象前、置于此对象后。

2. 设计主题组件分析

"图行天下"字体标志设计主题主要组件由字体设计部分、画笔图形部分组成。

7.1.2 "图行天下"字体标志设计制作过程

1. "图行天下"字体标志设计(一)

"图行天下"字体标志设计(一)如图 7-2 所示。

图 7-2 "图行天下"字体标志设计(一)

(1) 在工具箱中选取文本工具**字**，然后输入"图行天下"4 个字，分别在工具属性栏中将"图"的字体设置为"方正综艺繁体"，字号为 100pt；将"行天下"的字体设置为"方正粗宋繁体"，字号为 40pt，如图 7-3 所示。使用交互式填充工具中的"均匀填充"将文字填充为红色，如图 7-8(b)所示(参数为 C:0、M:100、Y:100、K:0)，完成后单击"确定"按钮，如图 7-3 所示。

图 7-3 输入文字"图行天下"

将"图"字复制一个，如图 7-4(a)所示，并转换为曲线。选中"图"字的外框中的任意两个节点，如图 7-4(b)中被选中的两个蓝色节点，单击鼠标右键，从弹出的快捷菜单中选择"拆分曲线"命令。将"图"字的外框的节点全部删除，删除后如图 7-5(a)所示。使用形状工具对文字的局部做一个简单的调整，先拉 3 条参考线(黄、蓝、黑)，如图 7-5(a)所示。

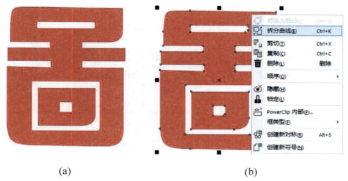

图 7-4 编辑文字"图"(一)

在参考线与文字交叉的地方添加 4 个节点,如图 7-5(b)所示。

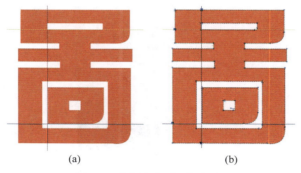

图 7-5 编辑文字"图"(二)

使用形状工具选中两个蓝色节点,单击鼠标右键,从弹出的快捷菜单中选择"到曲线"命令,如图 7-6(a)所示,紧接着再单击鼠标右键,从弹出的快捷菜单中选择"删除"命令,如图 7-6(b)所示。执行结束后如图 7-6(c)所示。将调节杆稍作调整后就将文字处理好了,同时删除参考线,如图 7-6(d)所示。

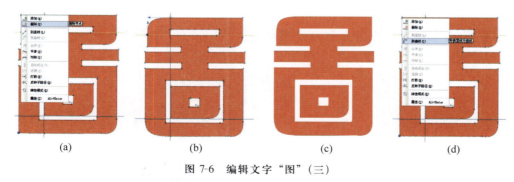

图 7-6 编辑文字"图"(三)

(2) 在工具箱中选取艺术笔工具,在工具属性栏中选取"笔刷";将"平滑度"设置为 100;将"艺术笔工具宽度"设置为 10mm,在"浏览"下拉列表中选取所需要的艺术笔效果,如图 7-7 所示。

131

图 7-7 使用"艺术笔"工具 (一)

在这个实例中选择图 7-7 中箭头所指的艺术笔效果,画出一个艺术笔效果,如图 7-8(a)所示的样子,并使用交互式填充工具,填充为红色,在"编辑填充"对话框中将相关参数设置成如图 7-8(b)所示,完成后单击"确定"按钮,如图 7-8(a)所示。

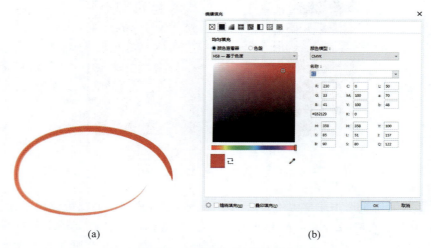

(a)   (b)

图 7-8 绘制的笔刷图形、填色

将文字"行天下"填充为灰色,如图 7-9(a)所示。在工具箱中选取交互式填充工具,在"编辑填充"对话框中相关参数设置成如图 7-9(b)所示,完成后单击"确定"按钮,如图 7-8(a)所示。

(a)   (b)

图 7-9 更换字体颜色"行天下"

将绘制好的图 7-10（a）、图 7-10（b）和图 7-10（c）按照一定的比例组合在一起，如图 7-10（d）所示，这样，一个以文字为主要图形的标志就设计好了。

| (a) | (b) | (c) | (d) |

图 7-10　将编辑好的字体与笔刷图形组合（一）

2. "图行天下"字体标志设计（二）

"图行天下"字体标志设计（二）如图 7-11 所示。

图 7-11　"图行天下"字体标志设计（二）

在这个实例中实现艺术画笔的效果的方法与本节实例（一）中的第（2）步是一样的。在工具箱中选取艺术笔工具，在工具属性栏中选取"笔刷"，将"平滑度"设置为 100，将"艺术笔工具宽度"设置为 10mm，在"浏览"下拉列表中选取所需要的艺术笔效果，如图 7-12 所示。

图 7-12　使用"艺术笔"工具（二）

在这个实例中选择图 7-12 中箭头所指的艺术笔效果，画出一个艺术笔效果，如图 7-13（a）所示的样子，并使用交互式填充工具填充为灰色。在"编辑填充"对话框中将相关参数设置成如图 7-13（b）所示，完成后单击"确定"按钮，如图 7-13（a）所示。

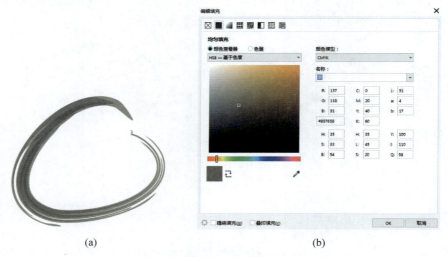

(a)　　　　　　　　　　　　　　　　　　(b)

图 7-13　绘制的笔刷图形、填色

　　将绘制好的图 7-14(a)、图 7-14(b)和图 7-14(c)按照一定的比例组合在一起,如图 7-14(d)所示,这样,一个以文字为主要图形的标志就设计完成了。

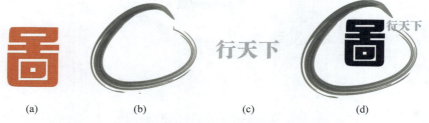

(a)　　　　　　　(b)　　　　　　　(c)　　　　　　　(d)

图 7-14　将编辑好的字体与笔刷图形组合（二）

3. "图行天下"字体标志设计(三)

"图行天下"字体标志设计(三)如图 7-15(a)所示。

图 7-15　"图行天下"字体标志设计（三）

　　在这个实例中实现艺术画笔的效果的方法与实例(一)中的第(2)步是一样的,在工具箱中

选取艺术笔工具 ，在工具属性栏中选取"笔刷" ；将"平滑度"设置为 100；将"艺术笔工具宽度"设置为 10mm，在"浏览"下拉列表中选取所需要的艺术笔效果，如图 7-16 所示。

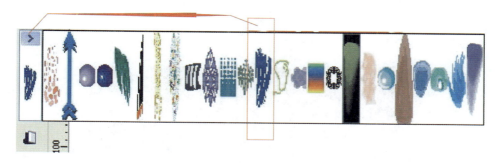

图 7-16　使用"艺术笔工具"（三）

在这个实例中选择图 7-16 中箭头所指的艺术笔效果，画出一个艺术笔效果如图 7-17 的样子，使用交互式填充工具 填充为蓝色。在"编辑填充"对话框中将相关参数设置成如图 7-17（b）所示，完成后单击"确定"按钮，如图 7-17（a）所示。

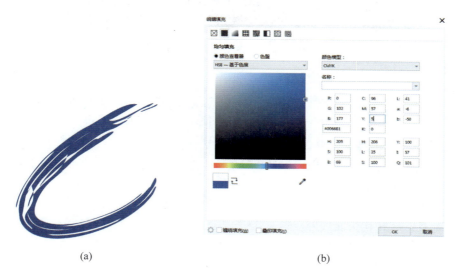

（a）　　　　　　　　　　　　　　　　（b）

图 7-17　绘制的笔刷图形、填色

将绘制好的图 7-18（a）、图 7-18（b）和图 7-18（c）按照一定的比例组合在一起，如图 7-18（d）所示，这样，一个以文字为主要图形的标志就设计好了。

（a）　　　　　（b）　　　　　（c）　　　　　（d）

图 7-18　将编辑好的字体与笔刷图形组合（三）

7.2 案例二：请柬中的"双喜"设计

请柬中的"双喜"设计效果如图 7-19 所示。

图 7-19 请柬中的"双喜"设计效果

7.2.1 请柬中的"双喜"设计使用工具及其设计主题组件

1. 主要使用的工具及菜单命令

(1) 主要使用的工具有：挑选工具、形状工具、文本工具(字体工具、字号工具)、填充工具(均匀填充、渐变填充)等。

(2) 主要使用的菜单命令有：

① "对象"→"转换为曲线"。

② "对象"→"组合对象"。

③ "对象"→"取消组合对象"。

④ "文件"→"导入"。

⑤ "对象"→"合并"。

⑥ "对象"→"顺序"。"顺序"命令又包括：

• 到页前面、到页后面；

• 到图层前面、到图层后面、向前一层、向后一层；

• 置于此对象前、置于此对象后。

2. 设计主题组件分析

请柬中的"双喜"设计主题主要组件由"喜"字部分、背景部分组成。

7.2.2　请柬中的"双喜"字体设计制作过程

请柬中的"双喜"二字字体设计的效果如图 7-20 所示。

图 7-20　请柬中的"双喜"设计

在工具箱中选取文本工具 **字**，输入"喜"字，分别在工具属性栏中将"喜"的字体设置为"方正综艺繁体"，字号为200pt，如图 7-21(a)所示，并将其转换为曲线。使用形状工具对文字的局部做一个简单的调整，先拉 3 条参考线(黄、蓝、黑)如图 7-21(b)所示。

在参考线与文字交叉的地方添加 3 个蓝色节点，如图 7-21(b)所示。

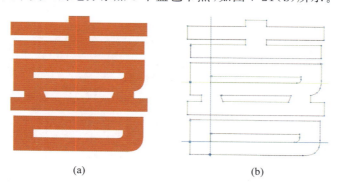

(a)　　　　　　　　　　　　　　　　(b)

图 7-21　输入文字"喜"转换为曲线

使用形状工具选中两个蓝色节点，单击鼠标右键，从弹出的快捷菜单中选择"到曲线"命令，如图 7-22(a)所示，再单击鼠标右键，从弹出的快捷菜单中选择"删除"命令，如图 7-22(b)所示。执行结束后，如图 7-22(c)所示。将调节杆稍作调整后(在调整时尽量调整到两边的边角对称)，文字就处理好了，如图 7-22(d)所示。

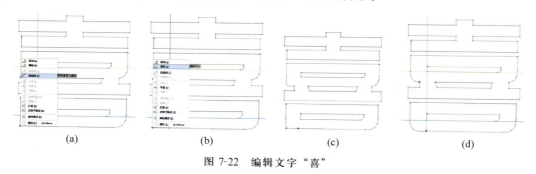

(a)　　　　　　　(b)　　　　　　　(c)　　　　　　　(d)

图 7-22　编辑文字"喜"

将前面拉的参考线删除,如图7-23(a)所示。

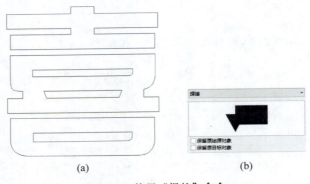

(a)   (b)

图7-23 使用"焊接"命令

将图7-23(a)所示图形复制一个,并执行"对齐分布"命令中的下一级子命令"水平居中对齐"命令,如图7-24(b)所示。

将两个排列好的"喜"字焊接在一起就变成了"双喜"。具体方法如下:

选择"对象"→"造型"命令,弹出"造型"泊坞窗口,如图7-23(b)所示,选择"焊接"命令,单击"焊接到"按钮,单击被焊接的部分,如图7-24(c)所示形状。

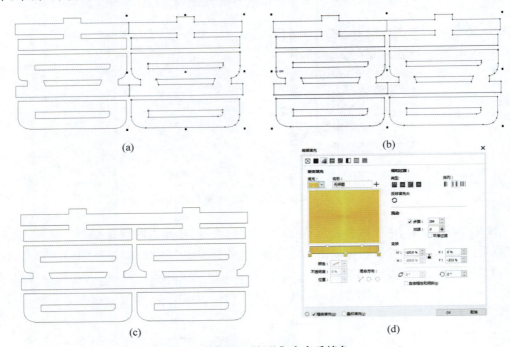

(a)   (b)

(c)   (d)

图7-24 使用"焊接"命令后填色

在工具箱中选取交互式填充工具 ,在"编辑填充"对话框中将相关参数设置成如图7-24(d)所示,完成后单击"确定"按钮,如图7-25(a)所示。

选择"文件"→"导入"命令,从教材素材包中导入"请柬-素材"位图,如图7-25(b)所示。

将图 7-25(a)和图 7-25(b)组合，漂亮的请柬就设计好了，如图 7-25(c)所示。

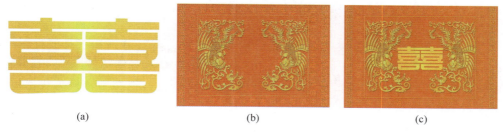

(a)   (b)   (c)

图 7-25   字体与背景组合

7.3   案例三："happy"特效文字设计

图 7-26   "happy"特效文字设计

7.3.1   "happy"特效文字设计使用工具及其设计主题组件

1. 主要使用的工具及菜单命令

（1）主要使用的工具有：挑选工具、形状工具、文本工具（字体工具、字号工具）、填充工具（均匀填充、渐变填充）等。

（2）主要使用的菜单命令有：

① "对象"→"转换为曲线"。

② "对象"→"组合对象"。

③ "对象"→"取消组合对象"。

④ "对象"→"拆分曲线"。

⑤ "对象"→"合并"。

⑥ "对象"→"顺序"。"顺序"命令又包括：

- 到页前面、到页后面；
- 到图层前面、到图层后面、向前一层、向后一层；
- 置于此对象前、置于此对象后。

2. 设计主题组件分析

"happy"特效文字设计主题主要组件由"happy"的字体设计部分、五星部分、特效部分组成。

7.3.2 "happy"特效文字设计制作过程

(1) 在工具箱中选取文本工具**字**,然后输入英文"happy",分别在工具属性栏中将"happy"的字体设置为 SF Americana Extended,字号为 580pt,如图 7-27(a)所示,并转换为曲线。按下 F11 键,在"编辑填充"对话框中选择"无填充",把文字转换为线框稿,如图 7-27(b)所示。

图 7-27　输入"happy"文字并转换为曲线

使用形状工具将曲线图 7-27(b)选中,执行"对象"→"拆分曲线"命令,这样,连在一起的曲线就被分解了,可以针对单个字母随意地进行编辑修改,如图 7-28 所示。

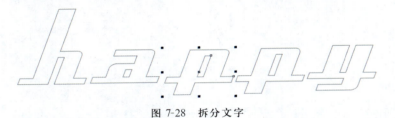

图 7-28　拆分文字

在工具箱选取形状工具,选中需要拆分的节点,拆分后删除不需要的节点,进一步编辑后如图 7-29 所示。

图 7-29　拆分好的文字

(2) 在工具箱中选取星形工具绘制一个正五角星形,如图 7-30(a)所示,在工具箱中选取交互式填充工具,在"编辑填充"对话框中将相关参数设置成如图 7-24(c)所示,完成后单击"确定"按钮,如图 7-25(b)所示。

(3) 将在第(1)步(见图 7-29)中绘制好的"happy"曲线中的"h"选中,将第二步图 7-30(b)复制 2 个,缩放到合适大小后,并排列在"h"曲线右边断开的节点上,如图 7-31(a)所示。选择其中一个五角星选取"调和"工具,直接拖动鼠标到另一个五角星,就会出现如图 7-31(b)所示的效果。

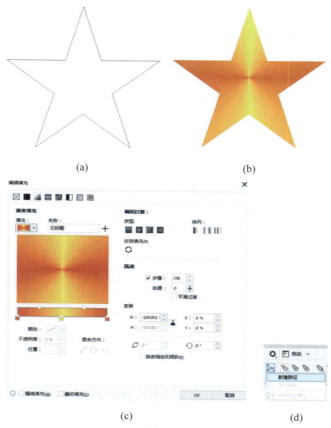

图 7-30 绘制正五角星形、填色

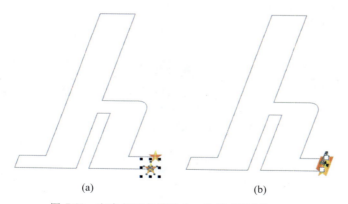

图 7-31 文字与五角星组合，使用"调和"工具

在工具属性栏中单击"路径属性"，选择"新建路径"，如图 7-30(d)所示，此时的鼠标就会变成一个曲线箭头 ♪，如图 7-32(a)所示，单击"h"曲线就会出现如图 7-32(b)所示的效果。在工具属性栏中将"步长和调和之间的偏移量"参数设置为 100，就会得到想要的效果，如图 7-32(c)所示。

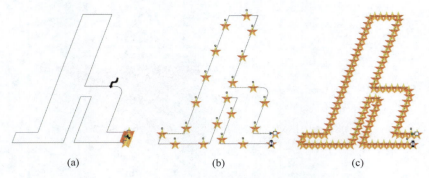

(a)　　　　　　　　　　(b)　　　　　　　　　　(c)

图 7-32　"h"字母路径与图形的组合

使用绘制图 7-32(c)所示效果的方法,分别绘制出"a""p""y"的效果("步长和调和之间的偏移量"可以根据字母实际情况增加或减少),如图 7-32(a)、图 7-33(b)和图 7-33(c)所示效果。

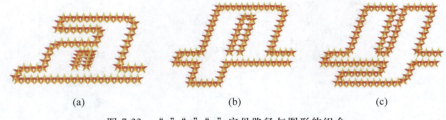

(a)　　　　　　　　　　(b)　　　　　　　　　　(c)

图 7-33　"a""p""y"字母路径与图形的组合

将图 7-32(c)、图 7-33(a)、图 7-33(b)和图 7-33(c)按比例组合在一起,如图 7-34 所示。

图 7-34　"h""a""p""y"组合效果

7.4　案例四:用路径文字制作公章

用路径文字制作公章效果如图 7-35 所示。

图 7-35　用路径文字制作公章效果

7.4.1　用路径文字制作公章使用工具及其设计主题组件

1. 主要使用的工具及菜单命令

（1）主要使用的工具有：挑选工具、形状工具、文本工具（字体工具、字号工具）、交互式填充工具（均匀填充、渐变填充）等。

（2）主要使用的菜单命令有：

① "对象"→"转换为曲线"。

② "对象"→"组合对象"。

③ "对象"→"取消组合对象"。

④ "对象"→"拆分曲线"。

⑤ "对象"→"合并"。

⑥ "对象"→"顺序"。"顺序"命令又包括：

- 到页前面、到页后面；
- 到图层前面、到图层后面、向前一层、向后一层；
- 置于此对象前、置于此对象后。

2. 设计主题组件分析

用路径文字制作公章效果图主要组件由圆环部分、文字部分、正五角星部分组成。

7.4.2　用路径文字制作公章过程

（1）在工具箱中选取椭圆工具 ⊙ 绘制一个正圆，将宽度和高度分别设置为 50mm，将正圆的轮廓宽度设置为 1.2mm，如图 7-36（a）所示。

将图 7-36（a）复制一个，将宽度和高度分别设置为 40mm，与图 7-36（a）组合在一起，使用 "对齐和分布" 命令中的下一级子命令 "水平居中对齐"，如图 7-37 所示。

在工具箱中选取文本工具 字 ，在被选中的正圆上，当鼠标图标变成 "路径输入模式" 时，单击被选中的 "正圆曲线"，并输入文字 "平面设计培训中心"，如图 7-38（a）所示。

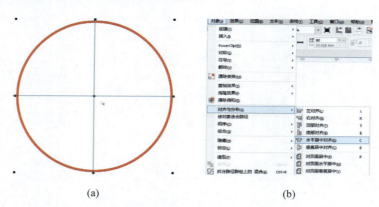

(a)   (b)

图 7-36　绘制正圆

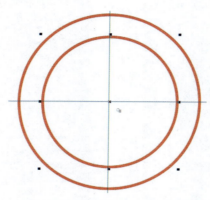

图 7-37　使用"对齐和分布"命令

在工具属性栏中将"平面设计培训中心"的字体设置为"宋体",字号为 14pt,并适当将"字距调整范围"设置为 90％。具体方法是:在工具属性栏中执行"文本"命令 ,弹出"文本"泊坞窗口,参数设置如图 7-38(b)所示,完成后如图 7-38(a)所示。进一步调整后效果如图 7-38(c)所示。

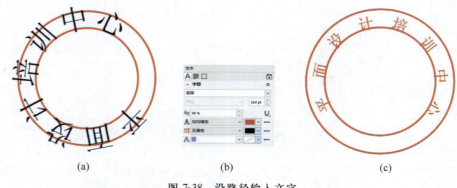

(a)   (b)   (c)

图 7-38　沿路径输入文字

选中小正圆,如图 7-39(a)所示,取消轮廓,如图 7-39(b)所示。

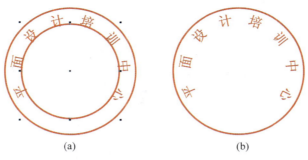

(a)　　　　　　　　　　　　　　(b)

图 7-39　取消轮廓

（2）绘制五角星和形状。具体方法如下：

在工具箱中选取星形工具，如图 7-40（a）所示，绘制一个正五角星形，在工具属性栏中选择"星形"，"点数和边数"设置为"5"，"锐度"设置为 53，并填充为红色（参数为：C：0、M：100、Y：100、K：0），绘制好的图形如图 7-41（b）所示。

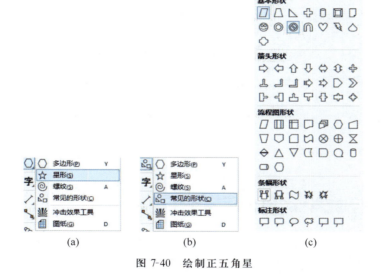

(a)　　　　　　　　(b)　　　　　　　　(c)

图 7-40　绘制正五角星

在工具箱中选取常见形状工具，如图 7-40（b）所示，在工具属性栏中选取"完美形状"，在下拉菜单中选择"条幅形状"中的第一个图形，如图 7-40（c）所示，绘制出一个正"条幅形状"（绘制正"五角星""条幅形状"要配合 Ctrl 键）。将轮廓线填充为红色，如图 7-41（a）所示。

将图 7-41（b）和图 7-41（a）按照适当的比例组合成图 7-41（c）所示的样子。再将图 7-41（c）置入图 7-39（b）中，如图 7-41（d）所示。

加上背景，"平面设计培训中心"公章就设计好了，如图 7-42 所示。

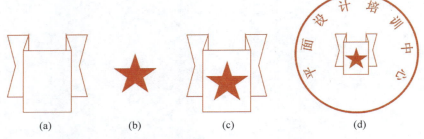

(a)   (b)   (c)   (d)

图 7-41　使用"完美形状"与正五角星、路径文字组合

图 7-42　添加背景

7.5　案例五：数字"6"线条特效文字设计

数字"6"的线条特效文字设计效果如图 7-43 所示。

视频讲解

图 7-43　数字"6"的线条特效文字组合设计效果

7.5.1　数字"6"线条特效文字设计使用工具及其设计主题组件

1. 主要使用的工具及菜单命令

（1）主要使用的工具有：挑选工具、形状工具、文本工具（字体工具、字号工具）、交互式填充工具（均匀填充、渐变填充）等。

（2）主要使用的菜单命令有：

①"对象"→"转换为曲线"。

②"对象"→"组合对象"。

③"对象"→"取消组合对象"。

④"对象"→"拆分曲线"。

2. 设计主题组件分析

数字"6"线条特效文字设计主题组件由数字部分、背景部分组成。

7.5.2　数字"6"线条特效文字设计制作过程

（1）在工具箱中选取文本工具**字**输入数字6，选择合适字体、字号，如图7-44（a）所示，编辑为轮廓图，如图7-44（b）所示，再将其转换为曲线，编辑为如图7-44（c）的样子。

图 7-44　编辑数字"6"

（2）在工具箱中选取贝塞尔工具 ，然后画出四条直线，填充自己喜欢的颜色，按顺序排列如图7-45（a）所示。单击艺术笔工具 ，在其属性栏中选择笔刷 ，笔刷类别选择"自定义"，弹出保存笔刷窗口保存为"彩色线条"，直接选择图7-44（c）线稿，在笔刷笔触中找到"彩色线条"图形，原来的图7-44（c）线稿的数字"6"瞬间变成了如图7-45（b）的样子。再将其线条的间距做适当调整，如图7-45（c）所示，漂亮的线条特效文字就设计好了，可以将此方法延伸到字体设计以及海报设计中去。

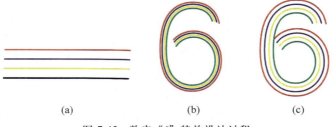

图 7-45　数字"6"特效设计过程

7.6 案例六："CDR"多层立体字设计

视频讲解

"CDR"多层立体字设计效果如图 7-46 所示。

图 7-46 "CDR"多层立体字设计效果

7.6.1 "CDR"多层立体字设计使用工具及其设计主题组件

1. 主要使用的工具及菜单命令

（1）主要使用的工具有：挑选工具、文本工具(字体工具、字号工具)、立体化工具、交互式填充工具(均匀填充)等。

（2）主要使用的菜单命令有：

① "对象"→"添加透视"。

② "对象"→"组合对象"。

③ "对象"→"取消组合对象"。

④ "对象"→"顺序"。"顺序"命令又包括：

• 到页前面、到页后面；

• 到图层前面、到图层后面、向前一层、向后一层；

• 置于此对象前、置于此对象后。

2. 设计主题组件分析

"CDR"多层立体字设计主题组件由文字部分、背景部分组成。

7.6.2 "CDR"多层立体字设计制作过程

在工具箱中选取文本工具**字**，输入文字"CDR"，选择合适字体、字号如图 7-47(a)所示。执行"对象"→"添加透视"命令，如图 7-47(b)所示。进一步调整后如图 7-47(c)所示。

在工具箱中选取立体化工具⬡，向下拖动一个立体效果，如图 7-48(a)所示，在工具属性栏中将"立体化类型"选择成"前后一致"，如图 7-48(b)所示。

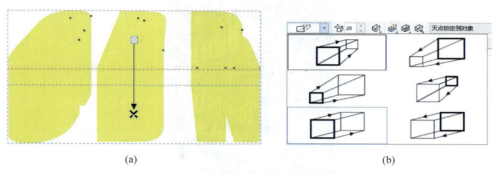

(a)   (b)   (c)

图 7-47 输入"CDR",添加透视

(a)   (b)

图 7-48 "CDR"多层立体字设计过程

在工具属性栏中将"立体化照明"效果设置为如图 7-49(a)所示,完成后效果如图 7-49(b)所示。将图 7-49(b)所示图形复制一个,填充为橙色,如图 7-49(c)所示。

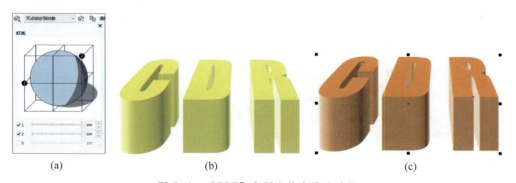

(a)   (b)   (c)

图 7-49 "CDR"多层立体字设计过程

执行"对象"→"顺序"→"向后一层"命令,调整后如图 7-50(a)所示,将图 7-50(a)和图 7-50(b)组合,效果如图 7-50(c)所示。

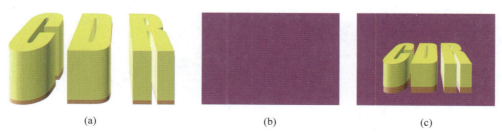

(a)   (b)   (c)

图 7-50 "CDR"多层立体字与背景组合

7.7　案例七：文字立体排版效果设计

文字立体排版效果设计如图 7-51 所示。

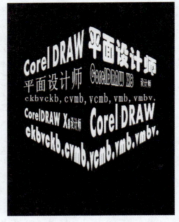

图 7-51　文字立体排版效果

7.7.1　文字立体排版效果设计使用工具及其设计主题组件

1. 主要使用的工具及菜单命令

（1）主要使用的工具有：挑选工具、文本工具(字体工具、字号工具)、多边形工具、填充工具(均匀填充)等。

（2）主要使用的菜单命令有：

① "效果"→"封套"。

② "对象"→"组合对象"。

③ "对象"→"取消组合对象"。

④ "对象"→"顺序"。"顺序"命令又包括：

- 到页前面、到页后面；
- 到图层前面、到图层后面、向前一层、向后一层；
- 置于此对象前、置于此对象后。

2. 设计主题组件分析

文字立体排版效果设计主题组件由文字部分、背景部分组成。

7.7.2　文字立体排版效果设计制作过程

（1）在工具箱中选取文本工具**字**输入任意文字，选择合适字体、字号排列成如图 7-52(a)所示效果，将其组合对象。

在工具箱中选取多边形工具 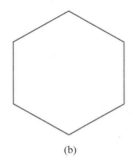 绘制一个"正六边形",如图7-52(b)所示。

(a)　　　　　　　　　　　　(b)

图7-52　输入"CDR",添加透视

(2)执行"效果"→"封套"命令如图7-53(a)所示。弹出"封套"泊坞窗口,选择"创建封套自"按钮如图7-53(b)所示。单击图7-53(b)后,效果如图7-53(c)所示。将正六边形删除,如图7-54(a)所示。

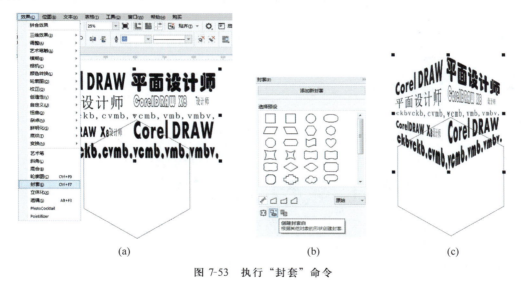

(a)　　　　　　　　　　(b)　　　　　　　　　　(c)

图7-53　执行"封套"命令

在工具箱中选取矩形工具 绘制一个矩形,如图7-54(b)所示,将图7-54(a)拖入矩形,如图7-54(c)所示,文字的颜色填充为白色,效果如图7-54(d)所示。

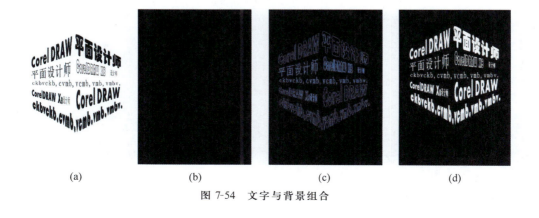

(a)　　　　　　(b)　　　　　　(c)　　　　　　(d)

图7-54　文字与背景组合

7.8　自学案例

7.8.1　"新年快乐"字体设计效果

"新年快乐"字体设计效果如图 7-55 所示。

图 7-55　"新年快乐"字体设计

7.8.2　字体版式设计

字体版式设计效果如图 7-56 所示。

图 7-56　字体版式设计

7.8.3　请柬设计

请柬设计效果如图 7-57 所示。

小结：本章通过各种类型的字体与版式设计,使我们感受到了 CorelDRAW X8 对于文本的处理魅力。通过改变字体的结构和造型实现了完美的字体,实现了以字体为创意元素的标志设计、版式设计和文字特效设计。除了文本特定工具外,其余的工具和命令

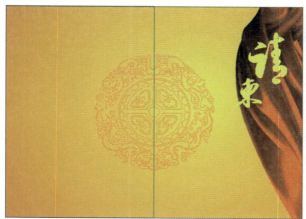

图 7-57　请柬设计

在本章的案例学习中也被反复使用,这也是平常所说的举一反三地熟练掌握常用工具和常用命令,然后通过各章节不同的案例,学习特定案例中对于特定工具的使用,来辅助我们更好地完成理想的设计。

第 8 章　不常用命令及特效图解

视频讲解

8.1　案例一：邮票设计

邮票设计效果如图 8-1 所示。

图 8-1　邮票设计效果

8.1.1　邮票设计使用工具及其设计主题组件

1. 主要使用的工具及菜单命令

（1）主要使用的工具有：挑选工具、文本工具（字体工具、字号工具）、调和工具、交互式填充工具（均匀填充）等。

（2）主要使用的菜单命令有：

① "文件"→"导入"。

② "对象"→"组合对象"。

③ "对象"→"取消组合对象"。

④"对象"→"造型"。

⑤"对象"→"顺序"。"顺序"命令又包括：

- 到页前面、到页后面；
- 到图层前面、到图层后面、向前一层、向后一层；
- 置于此对象前、置于此对象后。

2. 设计主题组件分析

邮票设计主题组件主要由邮票的齿形、位图导入、输入文字等部分组成。

8.1.2　邮票设计过程

（1）在工具箱中选取矩形工具 □ 绘制一个矩形,宽为 65mm、高为 90mm,如图 8-2(a)所示。在工具箱中选取椭圆工具 ○ ,绘制一个正圆,宽为 7mm、高为 7mm,如图 8-2(b)所示,分别将图 8-2(b)所示正圆复制 3 个,并放置在图 8-2(a)所示矩形的 4 个角上,如图 8-2(c)所示。

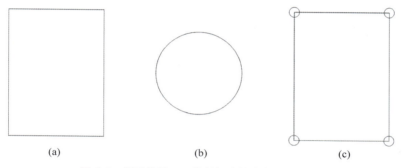

| (a) | (b) | (c) |

图 8-2　邮票设计——绘制锯齿轮廓的基本元素

在工具箱中选取调和工具 ，分别将两个横向的小圆进行调和,同时在工具属性栏中将"调和对象"设置为 8,如图 8-3(a)所示。紧接着分别将两个纵向的小圆进行调和,同时在工具属性栏中将"调和对象"设置为 12,如图 8-3(b)所示,这样就会看到矩形被小圆包围。

使用挑选工具将小圆全部选中(只选择四周的小圆,不包括矩形),单击鼠标右键,从弹出的快捷菜单中选择"拆分 8 元素的复合对象"命令,如图 8-4(a)所示。执行"对象"→"造型"命令,弹出"造型"泊坞窗口,在其中选择"修剪"命令,如图 8-4(b)所示,修剪后的形状如图 8-5(a)所示,将其移出,这样就得到了想要的形状,如图 8-5(b)所示。

在工具箱中选取交互式填充工具 ，填充为灰色,在弹出的"编辑填充"对话框中,将相关参数设置成如图 8-5(c)所示,完成后单击"确定"按钮,如图 8-6(a)所示。

（2）选择"文件"→"导入"命令从教材素材包中导入"邮票-素材"位图,如图 8-6(b)所示。

将图 8-6(a)和图 8-6(b)组合,漂亮的邮票背景就设计好了,如图 8-7(a)所示。

（3）在工具箱中选取文本工具 字 ,然后输入"中国人民邮政"和"100 分"字样,分别在工具属性栏中将"中国人民邮政"的字体设置为"文鼎中行繁体",字号为 13pt,将"中国人民邮政"采用竖排方式,放在合适的位置,如图 8-7(a)所示。

将图 8-6(a)所示图形复制一个,在工具箱中选取交互式填充工具 填充为灰色,在

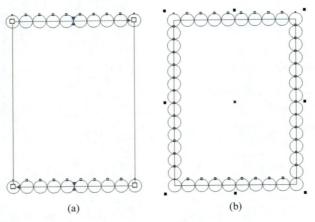

(a)   (b)

图 8-3　使用"调和"工具

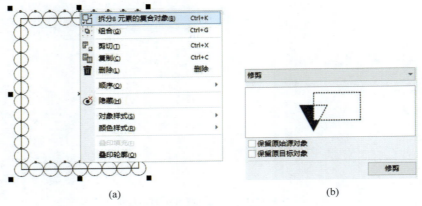

(a)   (b)

图 8-4　拆分的复合对象、修剪

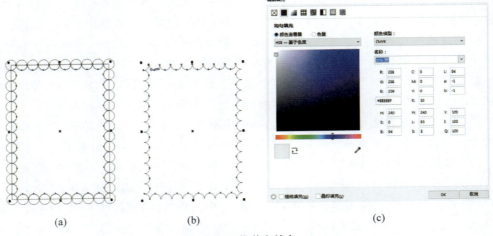

(a)   (b)   (c)

图 8-5　修剪和填色

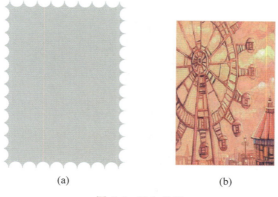

(a) (b)

图 8-6　导入位图

弹出的"编辑填充"对话框中,将相关参数设置成如图 8-7(b)所示,完成后单击"确定"按钮,如图 8-6(a)所示。

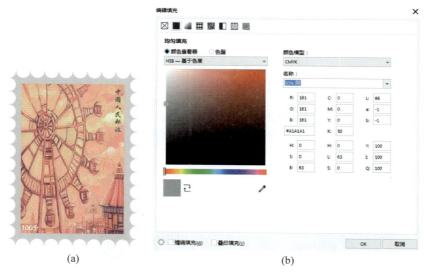

(a) (b)

图 8-7　复制一个锯齿背景并更换颜色

将图 8-8(a)和图 8-8(b)错位组合成如图 8-8(c)所示的样子,这样就形成了一个投影的效果。

(a) (b) (c)

图 8-8　产生投影效果

将图8-8(c)所示图形复制若干,排成一个整版,如图8-9所示。

图 8-9 邮票版式排列

8.2 案例二:运动的足球设计

运动的足球设计效果如图8-10所示。

视频讲解

图 8-10 运动的足球设计效果

8.2.1 运动的足球设计使用工具及其设计主题组件

1. 主要使用的工具及菜单命令

（1）主要使用的工具有：挑选工具、多边形工具、形状工具、交互式填充工具（均匀填充）等。

（2）主要使用的菜单命令有：

① "效果"→"透镜"。

② "对象"→"组合对象"。

③ "对象"→"取消组合对象"。

④ "对象"→"造型"。

⑤ "对象"→"顺序"。"顺序"命令又包括：

• 到页前面、到页后面；

• 到图层前面、到图层后面、向前一层、向后一层；

• 置于此对象前、置于此对象后。

2. 设计主题组件分析

运动的足球设计主题主要组件由足球球面、运动投影部分组成。

8.2.2 运动的足球设计过程

（1）在工具箱中选取多边形工具 绘制一个正六边形，如图 8-11（a）所示。将图 8-11（a）向右平行移动到合适的位置，要将两个正六边形重叠的边完全重合，如图 8-11（b）中方框中的部分，单击鼠标右键，释放后，就会看到复制了一个如图 8-11（a）所示被选中的正六边形，按 Ctrl+D 组合键，连续操作 4 次，如图 8-11（b）所示。

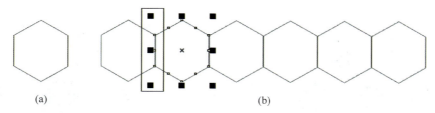

（a）　　　　　　　　　　　　　　　　（b）

图 8-11　绘制正六边形，连续复制

将横向的第一组整体选中向下平行移动到合适的位置，单击鼠标右键，释放后按 Ctrl+D 组合键，连续操作 4 次，如图 8-12 所示。

将图 8-12 中多余的正六边形删除，留下一个由小正六边形组成的大正六边形，如图 8-13（a）所示。

在工具箱中选取交互式填充工具 ，将图 8-13（a）所示图形中的一部分填充为白色，另一部分填充为黑色，效果如图 8-13（b）所示。

在工具箱中选取椭圆工具 绘制一个正圆，正圆只要将图 8-13（b）所示图形圈起来即可，圈起后的效果如图 8-14（a）所示。

（2）将图 8-14（a）选中，执行"效果"→"透镜"命令，弹出"透镜"泊坞窗口。在下拉列

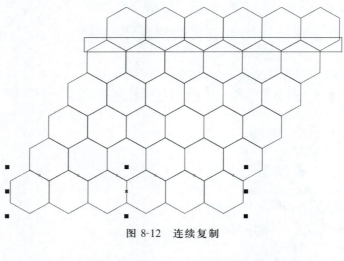

图 8-12　连续复制

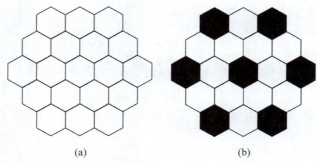

(a)　　　　　　　　　　　　　　　　　(b)

图 8-13　删除、填色

表选项中选择"鱼眼"效果,比率设为185%,如图8-14(b)所示。完成后,一个漂亮的足球就设计好了,如图8-14(c)所示。

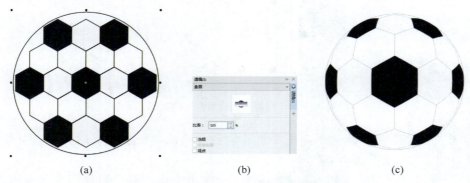

(a)　　　　　　　　　　　(b)　　　　　　　　　　　(c)

图 8-14　绘制正圆与"透镜"命令、鱼眼

　　(3) 在工具箱中选取矩形工具绘制一个矩形,高度与已经设计好的足球一致,长度适当,如图8-15(a)所示,并转换为曲线。

　　在工具箱选取形状工具,单击鼠标右键,通过拖动节点或增加、删除节点或编辑调节杆的长短、方向的方法编辑成想要的形状。这里需要添加3个节点,如图8-15(b)所示

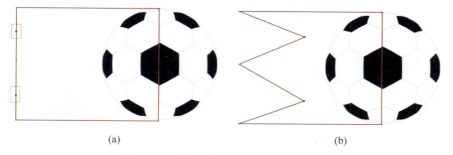

图 8-15　绘制足球运动轨迹轮廓（一）

方框区域。选中两个节点，如图 8-16(a)所示，接着拖动节点至效果如图 8-16(b)所示。

(a)　　　　　　　　　　　(b)

图 8-16　绘制足球运动轨迹轮廓（二）

在图 8-16(a)中再添加 6 个节点，如图 8-17(a)所示，添加好后，选中左边顶角的 3 个节点，接着向下拖动成如图 8-17(b)、图 8-17(c)的样子。

选中图 8-17(d)中相关的节点，单击鼠标右键，从弹出的快捷菜单中选择"到曲线"命令，执行结束后按 Delete 键删除节点，进一步编辑后效果如图 8-18 所示。

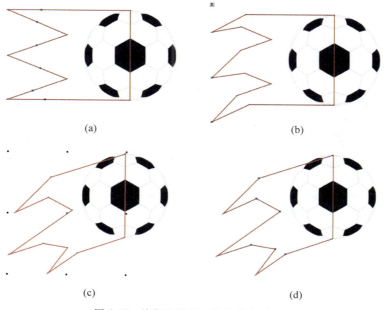

(a)　　　　　　　　　　　(b)

(c)　　　　　　　　　　　(d)

图 8-17　绘制足球运动轨迹轮廓（三）

图 8-18　绘制足球运动轨迹轮廓（四）

调节带有箭头的调节杆,依次编辑成如图 8-19(a)和图 8-19(b)所示的样子。

(a)　　　　　　　　　　　　　　(b)

图 8-19　编辑足球运动轨迹轮廓（五）

执行"对象"→"顺序"→"向后一层"命令,效果如图 8-20(a)所示。在工具箱中选取交互式填充工具,弹出"编辑填充"对话框,相关参数设置如图 8-20(b),完成后单击"确定"按钮,去掉轮廓,效果如图 8-20(c)所示。更换不同颜色可以做出不同效果。

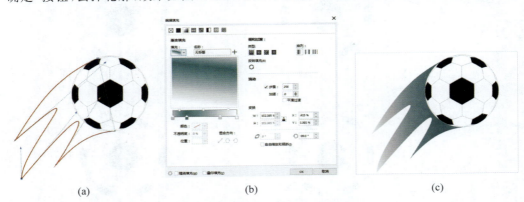

(a)　　　　　　　　　　　　(b)　　　　　　　　　　　　(c)

图 8-20　足球运动轨迹填色与足球组合

8.3 案例三：系列图案设计

系列图案设计效果如图 8-21 所示。

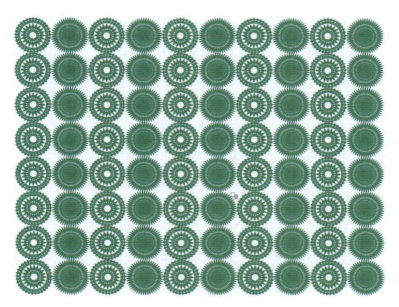

图 8-21 系列图案设计效果

8.3.1 系列图案设计使用工具及其设计主题组件

1. 主要使用的工具及菜单命令

（1）主要使用的工具有：挑选工具、多边形工具、形状工具、交互式填充工具（均匀填充）等。

（2）主要使用的菜单命令有：

①"对象"→"组合对象"。

②"对象"→"取消组合对象"。

③"对象"→"顺序"。"顺序"命令又包括：

• 到页前面、到页后面；

• 到图层前面、到图层后面、向前一层、向后一层；

• 置于此对象前、置于此对象后。

2. 设计主题组件分析

图案设计主题主要组件由多边形造型变化部分组成。

8.3.2 系列图案设计过程

1. 图案设计（一）

在工具箱中选取星形工具 ☆，在工具属性栏中选择"复杂星形"工具 ✿，绘制一个正复杂星形，如图 8-22(a)所示。在属性栏中将"多边形、星形和复杂星形边数或点数"设置为 20；"星形和复杂星形的锐度"设置为 7，就会得到想要的图案，如图 8-22(b)所示。

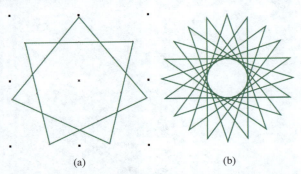

图 8-22 使用"复杂星形"工具绘制图案轮廓（一）

在工具箱中选取交互式填充工具 ✿，在"编辑填充"对话框中，将相关参数设置成如图 8-23(b)所示，完成后单击"确定"按钮，漂亮的图案就设计好了，如图 8-23(a)所示。

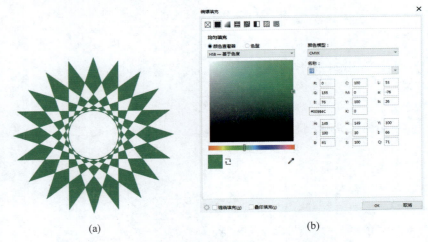

图 8-23 图案填充颜色（一）

2. 图案设计（二）

在工具箱中选取星形工具 ☆，在工具属性栏中选择"复杂星形"工具 ✿，绘制一个正复杂星形，如图 8-24(a)所示。在属性栏中将"多边形、星形和复杂星形边数或点数"设置为 50；"星形和复杂星形的锐度"设置为 20，就会得到想要的图案，如图 8-24(b)所示。

在工具箱中选取交互式填充工具 ✿，在"编辑填充"对话框中，将相关参数设置成如图 8-25(b)所示，完成后单击"确定"按钮，漂亮的图案就设计好了，如图 8-25(a)所示。

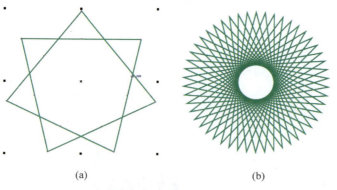

(a)　　　　　　　　　　　　　(b)

图 8-24　使用"复杂星形"工具绘制图案轮廓（二）

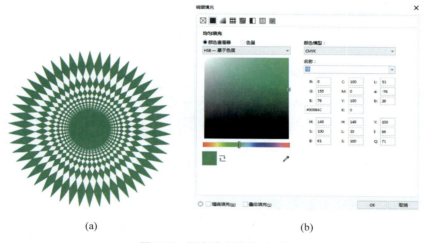

(a)　　　　　　　　　　　　　(b)

图 8-25　图案填充颜色（二）

3. 图案设计（三）

　　在工具箱中选取星形工具⬚，在工具属性栏中选择"复杂星形"工具⚙，绘制一个正复杂星形，如图 8-26（a）所示，在属性栏中将"多边形、星形和复杂星形边数或点数"设置为 33；将"星形和复杂星形的锐度"设置为 7，就会得到想要的图案，如图 8-26（b）所示。

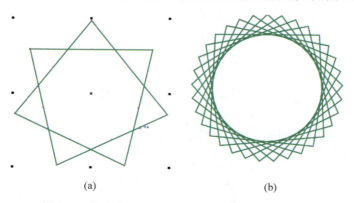

(a)　　　　　　　　　　　　　(b)

图 8-26　使用"复杂星形"工具绘制图案轮廓（三）

在工具箱中选取交互式填充工具 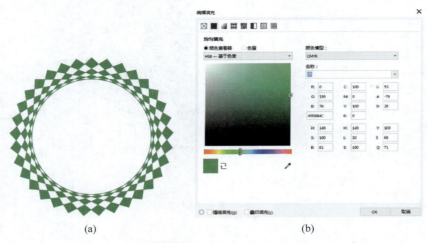，在"编辑填充"对话框中，将相关参数设置成如图 8-27(b)所示，完成后单击"确定"按钮，漂亮的图案就设计好了，如图 8-27(a)所示。

(a)　　　　　　　　　　　　　(b)

图 8-27　图案填充颜色（三）

通过图案设计(一)(二)(三)可以看出，图案层次的变化取决于"多边形、星形和复杂星形边数或点数"和"星形和复杂星形的锐度"两个参数，在设计过程中可以根据自己的需要设计自己喜欢的精美图案。

另外，还可以利用图案空白的变化组合新的图案，例如将图 8-28(b)和图 8-28(c)按适当的比例组合，就会得到新的精美图案，如图 8-28(d)所示。

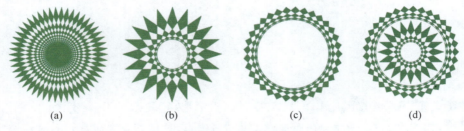

(a)　　　　　　　(b)　　　　　　　(c)　　　　　　　(d)

图 8-28　组合新图案

将图 8-28(a)和图 8-28(d)组合，就会得到如图 8-29 所示效果，并复制若干。具体的方法为将图 8-29 向右平行移动到合适的位置，单击鼠标右键，释放后就会又复制一个，按Ctrl＋D 组合键连续复制，效果如图 8-21 所示。

图 8-29　组合新图案

8.4 案例四：花瓣图形设计

花瓣图形设计效果如图 8-30 所示。

图 8-30　花瓣图形设计效果

8.4.1 花瓣图形设计使用工具及其设计主题组件

1. 主要使用的工具及菜单命令

（1）主要使用的工具有：挑选工具、多边形工具、形状工具、交互式填充工具（均匀填充）等。

（2）主要使用的菜单命令有：

① "变换"（Alt＋F8 组合键）。

② "对象"→"组合对象"。

③ "对象"→"取消组合对象"。

④ "对象"→"顺序"。"顺序"命令又包括：

• 到页前面、到页后面；

• 到图层前面、到图层后面、向前一层、向后一层；

• 置于此对象前、置于此对象后。

2. 设计主题组件分析

花瓣图形设计主题主要组件由花瓣形状造型变化部分组成。

8.4.2 花瓣图形设计过程

变换泊坞窗口图解：直接操作 Alt＋F8 快捷键弹出"变换"泊坞窗口。其中"旋转"的"角度"指的是复制对象偏移的角度，"中"的 X 和 Y 指的是复制对象位移的距离，"相对中心"指的是复制对象"圆心 ⊙"的位置。在 CorelDRAW X8 中还增加了一个"副本"参数设置，这个"副本"指所复制的数量，如图 8-31 所示。设置好相关参数后单击"应用"按钮，图形就会围绕相对中心旋转。

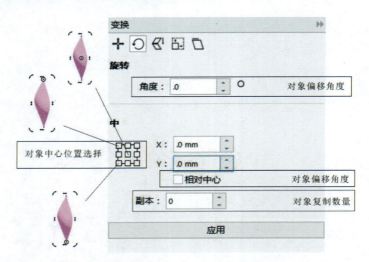

图 8-31　"变换"命令面板图解

（1）在工具箱中选取椭圆工具 ⬭ 绘制一个椭圆,如图 8-32(a)所示。在工具箱中选取交互式填充工具 ⬥ ,在"编辑填充"对话框中,将相关参数设置成如图 8-32(d)所示,完成后单击"确定"按钮,效果如图 8-32(b)所示。使用"挑选工具"将圆心 ⊙ 移动如图 8-32(c)所示。

（2）按 Alt＋F8 组合键,弹出"变换"泊坞窗口,如图 8-32(e)所示,单击"应用"按钮的次数决定围绕相对中心复制偏移对象的数量,因此,只要连续单击"应用"按钮就会出现如图 8-33(a)和图 8-33(b)所示的效果,这样一个漂亮的花瓣图案就绘制好了。

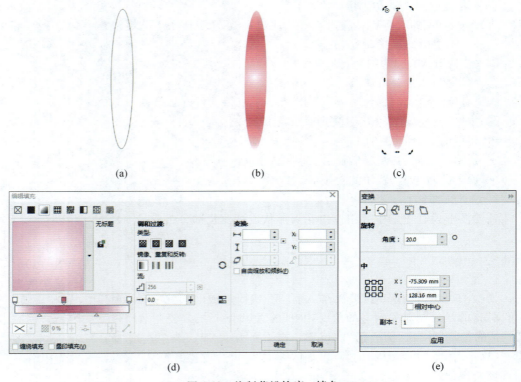

图 8-32　绘制花瓣轮廓、填色

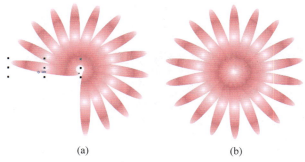

(a)   (b)

图 8-33　执行"变换命令"

掌握了以上方法,就可以绘制出如图 8-34(a)、图 8-34(b)和图 8-34(c)所示的花瓣效果。

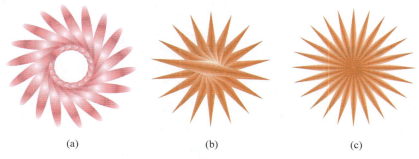

(a)   (b)   (c)

图 8-34　绘制不同造型的花瓣效果

8.5　案例五：用 CorelDRAW X8 将位图转换为矢量图

图 8-35(a)和图 8-35(b)分别是位图和转换后的矢量图。

(a)   (b)

图 8-35　将位图转换为矢量图

8.5.1　用 CorelDRAW X8 将位图转化为矢量图使用工具及其设计主题组件

1. 主要使用的工具及菜单命令

(1) 主要使用的工具有挑选工具。

（2）主要使用的菜单命令有：

① "文件"→"导入"。

② "对象"→"组合对象"。

③ "对象"→"取消组合对象"。

④ "位图"→"轮廓描摹"→线条图。

⑤ "位图"→"快速描摹"。

⑥ "对象"→"顺序"。"顺序"命令又包括：

• 到页前面、到页后面；

• 到图层前面、到图层后面、向前一层、向后一层；

• 置于此对象前、置于此对象后。

2. 设计主题组件分析

用 CorelDRAW X8 将位图转化为矢量图设计主题主要组件由位图素材"鹰"组成。

8.5.2 用 CorelDRAW X8 将位图转化为矢量图的过程

设计师在做设计的时候有时候要将位图（也就是点阵图）转换为矢量图（也就是由若干对象组成的图）。每个设计师都能拿着鼠标凭着想象直接在 CorelDRAW X8 中画出自己想要的图形，有时候需要将一些手绘的草图，或是将一些图片素材导入到 CorelDRAW X8 中，用"描摹"工具按照中心、轮廓等不同的需要把位图描绘出来，进而转换为矢量图。具体方法如下：

选择"文件"→"导入"弹出"导入"窗口，从教学素材包中导入一张"鹰-素材"位图，即在弹出的"导入"对话框中选中位图素材"鹰"后，单击"导入"按钮，如图 8-36 所示。

选中位图，执行"位图"→"轮廓描摹"→"线条图"命令，弹出 PowerTRACE 窗口，如有需要可以调整里面的参数，这里采用系统默认值即可，上面的是原图，下面是描摹后的图像，完成后单击"确定"按钮，如图 8-36(b)所示。

(a)

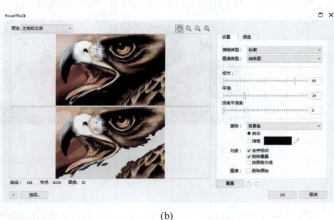
(b)

图 8-36　描摹位图

描摹后的图像如图 8-37(a)所示，根据色彩的不同成块显示，执行"取消组合对象"命令后,如图 8-37(b)所示。完成后,位图素材"鹰"上面布满了节点,至此,这张位图素材"鹰"就完全转换为了矢量图,如图 8-38 所示。

(a)   (b)

图 8-37　描摹后的位图

图 8-38　矢量图

8.6　自学案例

8.6.1　花瓣图形设计

花瓣图形设计效果如图 8-39 所示。

图 8-39　花瓣图形设计效果

8.6.2 布料图案设计

布料图案设计效果如图 8-40 所示。

图 8-40　布料图案设计效果

8.6.3 向日葵花瓣插图设计

向日葵花瓣插图设计效果如图 8-41 所示。

图 8-41　向日葵花瓣插图设计效果

8.6.4 利用"鱼眼特效"的相关图形设计

利用"鱼眼特效"的相关图形设计效果如图 8-42 所示。

图 8-42 利用"鱼眼特效"的相关图形设计效果

　　小结：本章主要对一些平时不常用的命令进行讲解，通过各种类型的特效设计，读者能够感受到 CorelDRAW X8 对于处理特殊图形图像的魅力。学习完上面的案例后，读者对于 CorelDRAW X8 软件的使用又提升到了一个新的高度——从基本掌握到熟练运用，从熟练运用到精通掌握。

第 9 章 关于 CorelDRAW X8 图形图像文件

9.1 CorelDRAW X8 图形图像文件导入 PhotoShop 的方法

CorelDRAW X8 和 Photoshop 是广大设计师非常喜欢的设计软件，这两种不同类型的设计软件在处理图形、图像上具有各自的优势，如果能将两种不同类型的设计软件结合起来使用，做到优势互补、互导使用，对于设计师来说更是如虎添翼了。因此，这两款不同类型的设计软件一直以来受到广大设计师或者是设计软件爱好者的青睐。

CorelDRAW X8 是矢量图形处理的设计软件，而 Photoshop 是位图图形处理的设计软件，二者均属于平面图形、图像设计软件，将两款不同类型的设计软件结合起来使用，充分发挥设计师的想象力和创造力，就可以设计出美丽而神奇的图形、图像。

CorelDRAW 文件导入 PhotoShop 的两种方法详解如下：

方法（一）：在 CorelDRAW X8 中选取相应的对象，执行"编辑"→"复制"命令，如图 9-1 所示，然后，在 Photoshop 中新建一个文档，将选中对象粘贴上去，如图 9-2 所示，这是最简便的方法，简称"剪贴板法"。

图 9-1 在 CorelDRAW X8 中复制对象

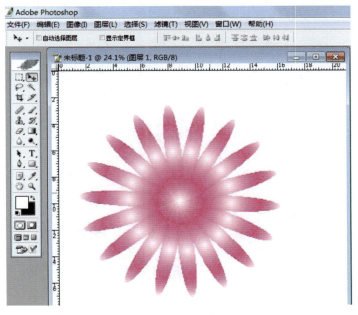

图 9-2　将对象粘贴到 Photoshop

　　这种方法的特点是简便易用，不用生成中间文件。缺点是图像质量差，由于是由剪贴板进行转换，所以图像较粗糙，没有消锯齿效果，此处不提倡使用这种方法。

　　方法（二）：在 CorelDRAW X8 中使用"导出"命令，弹出"导出到 JPEG"对话框。可以设置对于位图的相关质量参数，完成后单击 OK 按钮，如图 9-3 所示。

　　在 Photoshop 中打开文件，如图 9-4 所示。

图 9-3　"导出到 JPEG"对话框

　　将矢量图 9-5 和位图 9-6 做比较，两种格式的图形质量效果完全一样。

图 9-4 在 Photoshop 中打开文件

图 9-5 矢量图

图 9-6 位图

9.2 CorelDRAW X8 将文字转换为曲线

CorelDRAW X8 将文字转换为曲线的主要意义在于确保设计师在设计稿件中运用的文字的字体、字号、文本格式在其他计算机中打开后不会发生改变出现误差。将文字转换为曲线后,文字不再具有文字的属性,通俗点讲,就是通过"转换为曲线"命令将文字转换成了图形。将文字转为曲线是每个设计师在完成设计稿件后都必须做的事情。

注意:在将文字转换为曲线之前,一定要在自己的计算机中保留没有被转换为曲线的设计稿件,防止设计稿件在二次修改时使用。

文字转曲线的具体方法如下:

在 CorelDRAW X8 中输入一段文字,选中文字后,单击鼠标右键执行"转换为曲线"

命令，如图 9-7 所示。

图 9-7　执行"转换为曲线"命令

小结：本章主要对 CorelDRAW X8 中位图与矢量图的转换、文件的输出，以及与其他设计软件互相交替使用的方法进行举例讲解。本章列出的相关操作并不是唯一的方法，只是提醒设计师在文件输出或交替处理时关注相关途径。

图书资源支持

感谢您一直以来对清华版图书的支持和爱护。为了配合本书的使用，本书提供配套的资源，有需求的读者请扫描下方的"书圈"微信公众号二维码，在图书专区下载，也可以拨打电话或发送电子邮件咨询。

如果您在使用本书的过程中遇到了什么问题，或者有相关图书出版计划，也请您发邮件告诉我们，以便我们更好地为您服务。

我们的联系方式：

地　　址：北京市海淀区双清路学研大厦 A 座 714

邮　　编：100084

电　　话：010-83470236　　010-83470237

客服邮箱：2301891038@qq.com

QQ：2301891038（请写明您的单位和姓名）

资源下载： 关注公众号"书圈"下载配套资源。

资源下载、样书申请

书圈

获取最新书目

观看课程直播